Über den Autor

Zeit in seinem Garten verbringen zu dürfen, ist für Horst Mager das größte Geschenk. Er ist Landschaftsgärtner, Diplom-Biologe und Redakteur. In seinem Schrebergarten in Berlin gärtnert er, wann immer es seine Zeit erlaubt. Er ist »der« rbb-Gartenexperte vor und hinter der Kamera, unter anderem für die rbb »Gartenzeit«. In den sozialen Medien (bei Youtube und Instagram) kennt man ihn als *Horst sein Schrebergarten*. In der Königlichen Gartenakademie in Berlin ist er als Gastdozent tätig. Er gärtnert auf Augenhöhe mit dem Garten und der Natur. Das tat er, lange bevor die Gartendesigner der berühmten Chelsea Flower Show begannen, Löwenzahn in ihre Showgärten zu pflanzen, und dafür Preise gewannen.

Horst Mager auf Instagram: @horst_sein_schrebergarten

Über die Fotografin

Simone Hawlisch arbeitet als Fotografin und ist für ihre stille und poetische Bildsprache bekannt. Sie hat mehrere Bücher geschrieben und fotografiert, Schwerpunkt ihrer Arbeiten sind Portraits, Geschichten und Editorials. Neben ihrer Arbeit restauriert sie gemeinsam mit ihrem Mann einen denkmalgeschützten Hof in Mecklenburg.

www.simonehawlisch.com

Simone Hawlisch auf Instagram: @fraeuleinsonntag

Horst Mager

Einfach gärtnern!

Naturnah und nachhaltig

Mit Fotografien von
Simone Hawlisch & Horst Mager

Insel Verlag

Die Fotografien in diesem Buch stammen von Simone Hawlisch, mit folgenden Ausnahmen: S. 8 (Dahlie), 9 (Lilienhähnchen), 21, 22, 28, 30, 61, 64, 69, 75, 106, 123, 124, 128, 134, 137, 143, 149, 157, 160, 171, 172, 176, 180, 183, 188, 194, 229, 232, 235: Horst Mager; S. 223: Katharina Dittes

Klimaneutral
Druckprodukt
ClimatePartner.com/14438-2110-1001

3. Auflage 2024

Erste Auflage 2024
Originalausgabe

Umschlaggestaltung: hißmann, heilmann, hamburg, unter Verwendung eines Motivs von Simone Hawlisch.
Zu sehen ist neben dem Autor die Ramblerrose 'Veilchenblau'
Druck und Bindung: TBB, a.s., Slowakei
Printed in Slovakia
ISBN 978-3-458-64417-0

www.insel-verlag.de

Inhalt

Wie ich zum Gärtnern kam

»Dein Garten ist ein großartiger Beitrag zum Wohlergehen des Planeten!« Dieser Satz stand eines schönen Tages bei Instagram unter einem meiner Posts. Als Biologe und Gärtner war mir natürlich immer bewusst, dass auch der kleinste Beitrag zählt, wenn es darum geht, etwas für die Natur, für die Biodiversität und vor allem auch gegen das Artensterben zu tun. Aber erst als ich diesen Satz las, wurde mir so richtig klar, dass es eben wirklich genau darauf ankommt: dass wir alle, die wir gärtnern, und sei unser Garten auch noch so klein, mit der Natur gärtnern müssen – und nicht gegen sie. Schätzungen zufolge nehmen Privatgärten zwanzig bis dreißig Prozent der städtischen Flächen in Europa ein, da ist also einiges möglich!

Dieses Buch ist ein Einblick in meine ganz persönliche Art zu gärtnern. In eine Beziehung, die ich mit meinem Garten, einem 420 Quadratmeter großen Schrebergarten in Berlin-Charlottenburg, auf Augenhöhe führe. Genau: *Beziehung*. Ich sehe den Garten nicht einfach als ein Stück Boden, dem ich meine Vorstellungen aufzwinge, sondern als einen Freund. In unserem Tun beeinflussen wir uns gegenseitig. Ich gärtnere ohne Gift, ohne Zwang, ohne Schnörkel! Dafür mit Einfühlungsvermögen, Respekt, der ein oder anderen Auseinandersetzung und vor allem mit viel Liebe zur Natur. Meine naturnahe Art der Gartengestaltung und Gartenpflege ist ganz einfach, nachhaltig und so entspannt, wie eine intensive Beziehung im besten Falle sein kann.

So zu gärtnern, ist natürlich eine individuelle Entscheidung und nur eine Möglichkeit von vielen. Und es ist kein Hexenwerk: Alles, was ich mache, ist im Grunde recht naheliegend. Ich halte es für wichtig, sich die Auswirkungen dessen, was man im Garten tut, immer wieder bewusst zu machen. Eine notwendige Voraussetzung des naturnahen Gärtnerns ist das Beobachten und Verstehen der Grundlagen biologischer Prozesse – ohne dabei allzu wissenschaftlich werden zu müssen. Aber keine Angst: Dafür muss man jetzt keine Fachliteratur wälzen. Dieses Buch will auch ein Aufruf sein, einfach mal loszugärtnern, sich durch all die vermeintlichen Regeln nicht entmutigen zu lassen, sondern beherzt das Werkzeug in die Hand zu nehmen und zu beginnen!

Mein Garten ist das Resultat aus fünfundvierzig Jahren Liebe zum und Lernen im Garten. In diesem Buch fasse ich meine Erkenntnisse zusammen, die, wie der Garten selbst, ständig wachsen. Mit jedem Gartenjahr lerne ich Neues dazu. Meine Beziehung zum Garten ist ein andauernder Prozess, geprägt von Zufall, Veränderungen, Neugier, Enttäuschungen, Erfolgen und mitreißendem Erleben. Dieser Prozess wird hoffentlich niemals enden!

Gesagt sei aber auch: Meine Art, naturnah zu gärtnern, hat mit »antiautoritärem« Gärtnern nichts zu tun. Der Garten darf nicht einfach wild wuchern, wie er will! Aber mein Eingreifen ist eher ein liebevolles Dirigieren als ein übergriffiges Bevormunden. Denn beim Gärtnern mit der Natur geht es um die Natur – aber eben auch um das Gärtnern! Ein Garten ist kein sich selbst überlassenes Stück Wildnis, sondern kultivierte Natur. Doch es macht einen Unterschied, wie man dabei vorgeht. Meine Art des Gärtnerns setzt genaues Hinschauen voraus. Jeder Garten ist anders, jeder Garten hat seine individuellen Besonderheiten hinsichtlich Bodenbeschaffenheit, Licht- und Wasserverhältnissen. Der Standort bestimmt, was in einem Garten wachsen und dauerhaft gedeihen kann. Ohne mein Zutun würde er ganz von allein mit dem umgehen, was die Natur ihm an Pflanzen und Tieren bietet – davon kann ich mir etwas abschauen. Und dann überlegen, welche seiner Vorschläge für mich passen und wo ich eher behutsam eingreifen möchte. Will ich meinen Garten so schön und lebendig wie möglich haben, dann geht das nur, wenn ich dem, was er mir vorgibt, folge. Fange ich an, ihm meinen Willen aufzuzwingen – wie ich das zu Anfang einmal versucht habe –, beispielsweise Englische Rosen zu pflanzen, obwohl der Garten nur trockenen Sandboden bieten kann, dann werden wir beide nicht glücklich, und ich arbeite mich als Gärtner auf Dauer bucklig.

Mit dem Garten zu gärtnern, muss man oft leidvoll durch zahlreiche Misserfolge lernen – aber wer es wirklich ernst meint mit dem einfachen Gärtnern, kommt nicht umhin, früher oder später auf den Garten zu hören.

Die Liebe zum Gärtnern ist tief in mir verwurzelt. Ich habe sie immer gespürt! Zur Kommunion wollte ich wahnsinnig gerne eine Magnolie. Welches Kind wünscht sich das schon? Ich war neun Jahre alt und wollte unbedingt eine Magnolie (Foto s. S. 10). Alle meine Freunde sehnten sich nach einer Musikanlage, Turnschuhen oder einer Wrangler-Jeans, aber ich wollte eine Magnolie. Eine Tulpenmagnolie (Magnolia x soulangiana) musste es sein. So eine weiß-rosafarbene mit diesen porzellanartigen, zerbrechlichen Blüten. Sie sollte so gepflanzt werden, dass ich sie von meinem Fenster aus sehen konnte. Ich hatte Glück, ich wurde ernst genommen. Mein Großvater schenkte sie mir. Wir suchten sie in der Gärtnerei aus und pflanzten sie, als Familien-Event, alle gemeinsam in den Garten an unserer Wohnung. Es war eine Woche nach Ostern und die Magnolie hatte drei perfekte Blütenknospen. Die Vorfreude auf den Moment, wenn ich in den Garten kommen würde und sie sich geöffnet hätten, war riesig. Es war so aufregend, als würden Weihnachten und Geburtstag gleichzeitig bevorstehen. Als es dann so weit war, war es unglaublich, noch heute bekomme ich eine Gänsehaut, wenn ich an diesen Moment denke. Die Magnolie entwickelte sich prachtvoll, wurde von Jahr zu Jahr schöner. Als all die Musikanlagen schon veraltet und die Wrangler-Jeans meiner Mitschüler längst zerschlissen waren, legte meine Magnolie erst so richtig los.

Ob ich damals schon den »grünen Daumen« hatte? Wenn jemand den »grünen Daumen« hat, dann ist der ja wahrscheinlich eher erdig braun! Je schmutziger meine Hände im Laufe eines Gartentages werden, umso intensiver wird die Kommunikation mit meinem Garten und den Pflanzen, die darin wachsen. Wenn ich dem Garten nahe bin, verstehe ich ihn. Wenn ich mich zu den Pflanzen hinunterbeuge, die Finger in den Wurzelbereich stecke und Erde unter die Nägel bekomme, dann spüre ich, ob alles gut ist. Ich erfühle, ob die Erde trocken oder feucht, schön locker und luftig oder unangenehm klebrig ist – und ganz wichtig: ob sie gut riecht. Über die Erde verbinde ich mich mit dem Garten und letztendlich mit mir selbst. Erde erdet.

Dass ich die Lust auf Garten und Pflanzen wirklich in mir trage, wurde mir im Schrebergarten meiner Eltern bewusst. Von ihnen habe ich meine Begeisterung fürs Gärtnern. Als ich vierzehn war, beschloss mein Vater, in Nürtingen, wo ich aufwuchs, ein Stück Land zu pachten und einen Schrebergarten anzulegen. Ich war sofort im Gartenglück! Aber nur weil man Lust zum Gärtnern hat, ist ja nicht von vornherein sicher, dass das Ganze funktioniert und die Pflanzen auch langfristig gedeihen. Der Schrebergarten meiner Eltern war ein ehemaliges Maisfeld – lehmig, stoppelig, frei gestaltbar. Plötzlich begaben wir uns auf ein Abenteuer, ich fand das super, meine Mutter und ich waren mit unstillbarem Garteneifer dabei. Die vielen neuen Möglichkeiten versetzten uns von Beginn an in einen euphorischen, daueraufgeregten Zustand. Das erste Mal so richtig Garten! Nur wo fängt man an? Vor allem dann, wenn man gartentheoretisch gar nichts weiß, von Gärten und Pflanzen aber total begeistert ist und deshalb am allerliebsten alles sofort umsetzen möchte. Geduld war zu dieser Zeit nicht unsere Stärke! Von irgendwoher drang glücklicherweise das Wort »Gründünger« zu uns. Ich glaube, es war mein Vater, der das Ganze zielführender, weil sehr viel weniger emotional anging. Wir säten die Fläche von etwa 450 Quadratmetern mit Ackersenf ein. Das bremste und bewahrte uns vor Chaoskäufen und abenteuerlichen Pflanzenzusammenstellungen. Wir waren dazu gezwungen, abzuwarten, bis der Ackersenf untergefräst werden konnte. Wir verbrachten die Zeit mit Pflanzenrecherche und schmiedeten Gartenpläne. Kurz bevor der Senf blühte, haben wir ihn eingearbeitet. Dann – endlich – ging es los! Mit einer Schnur und dem Spaten habe ich zwei riesige Beete in den Stoppelacker-Staub gezeichnet und wir haben begonnen, diese zu bepflanzen.

Unsere Auswahlkriterien für die Pflanzen waren schöne Fotos in Gartenkatalogen, spontane Funde und Ableger von Nachbarn und Freunden. Herr Planlosigkeit und Frau Übereifer waren unsere Gartendesigner. Meine Mutter war Spanierin, deshalb verbrachten wir unsere Ferien immer im sonnigen Süden. Exotisch anmutende Gewächse fanden wir also besonders spannend, das, was nicht alle hatten, und natürlich das, was unsere Sammelleidenschaft in den Einkaufswagen spülte. Es war die Zeit – Mitte der 1980er Jahre –, in der Rosen, Rhododendren, Koniferen in allen Wuchsformen und Farben und Perückensträucher ein Muss im Garten waren. Die ganze Familie – meine Eltern, mein Bruder und ich – hat gegraben, gehackt, gepflanzt und wieder ausgegraben, ohne wirklich müde zu werden und ohne dass die Dunkelheit uns hätte bremsen können. Regelmäßig haben wir im wackeligen Schein einer Taschenlampe einfach weitergemacht. Wir waren glücklich im Dauereinsatz und der Garten wurde dann – nach unseren damaligen Vorstellungen jedenfalls – auch richtig schön.

Heute weiß ich, es wäre auch einfacher, preiswerter und schneller gegangen – denn auf den natürlichen Standort und die Umgebung haben wir kaum Rücksicht genommen. Schlimmer noch, wir haben sie komplett ignoriert, gar nicht daran gedacht, dass der natürliche Standort uns etwas Wichtiges mitteilen könnte. Die Pflanzen, die in unserem Garten von allein wuchsen oder auf den Wiesen und in den Wäldern drum herum, waren für uns nichts Besonderes, nichts Beachtenswertes. Gehätschelt haben wir eher das, was mickerte. Das, was kräftig wuchs, flog in den meisten Fällen sogar komplett raus. Dass wir uns damit selbstverschuldet in einen ständigen

Zustand des »Kümmernmüssens« versetzt haben, wurde mir erst viel später, in meiner Lehrzeit und während des Schreibens meiner Diplomarbeit, bewusst. Erst in dieser Zeit begann ich zu verstehen: Ein naturnaher, nachhaltiger und damit pflegeleichter Garten mit gesunden, starken Pflanzen entsteht im Dialog mit dem Standort! Und das am besten von Anfang an.

Ein eigener Garten – es geht endlich los

Die erste Begegnung mit meinem eigenen Schrebergarten war aufregend. Ich wusste: Wenn wir uns füreinander entscheiden, würde unser Leben ab diesem Tag ein anderes sein. Ob man nun einen eingewachsenen Garten übernimmt oder ein braches Grundstück, auf dem man bei null beginnt – Mensch und Garten sollten sich zunächst behutsam kennenlernen, auch wenn es schwerfällt, weil man am liebsten sofort richtig loslegen, wühlen, schwitzen und pflanzen würde. Aber jeder Garten bzw. jedes Stück Land hat eine eigene Geschichte zu erzählen. Also sind erst einmal Ruhe, Vorsicht und Achtsamkeit gefragt. Am besten einfach die Hände stillhalten und nur schauen. Die Augen und das Herz öffnen und wirklich hinschauen mit Neugier und einem liebevollen Interesse für alles, was dort wächst und gedeiht.

Im Frühling 2018 habe ich meinen damals ziemlich verwilderten und zugewucherten Schrebergarten in Berlin übernommen und ihn anfangs nur kennenlernen wollen. Ich habe nichts getan, schon gar nichts herausgerissen, wirklich nur beobachtet. Ein Jahr lang habe ich den Garten machen lassen. Habe mir angesehen, was er zu bieten hat, was schon alles vorhanden ist, und war gespannt darauf, was sich alles zeigen würde. Immer wieder entdeckte ich neue Pflanzen, das war eine wirkliche Freude, denn es waren ja nun irgendwie meine, sie wuchsen in meinem Garten. Lauter Geschenke, die sich ganz von selbst auspackten, ihre Blätter und Blüten entfalteten.

Zugegeben, es juckte mich schon sehr in den Fingern, ich hätte zu gerne sofort angefangen und wild losgepflanzt. Ich weiß auch nicht, wie ich mich verhalten hätte, ohne die Erfahrungen aus meiner Jugend im elterlichen Schrebergarten. Glücklicherweise gab es in und um die Laube genügend Unrat auf- und wegzuräumen, so dass ich dort meinen Tatendrang stillen konnte. Wilde Brombeeren, Hopfen, Kanadische Goldrute ohne Ende – all das fiel mir natürlich sofort ins Auge und ich hätte viele dieser rücksichtslosen, alles überwuchernden Unholde am liebsten sofort herausgerissen. Aber ich wusste ja nicht, welche Schätze ich dadurch übersehen und durch meinen Übereifer vielleicht auch nie entdecken würde. Wenn man die unerwünschten Genossen entfernt, dann auch richtig, durch tiefes Graben und mit allen Wurzeln. Dann ist es zu spät, auf zarte Kräutlein Rücksicht zu nehmen, die müssen vorab evakuiert werden.

Ich war sicher, dass mein Garten gute Ideen hat und ich ihm nur Zeit lassen muss, sie mir zu offenbaren. Ich würde mir seine Vorschläge ansehen und dann überlegen, ob ich das so lassen möchte oder nicht oder ob wir einen Kompromiss finden können. Und so war es dann auch: Er hat mir gezeigt, was da ist, und ich habe hinzugefügt, was ich gerne wollte und was dazu gepasst hat. Ich habe meinen Garten also auf der Grundlage dessen geplant, was ohnehin schon gerne dort wächst, was sich dort bereits etabliert hatte. Das hat sehr gut funktioniert und tut es bis heute, denn mein Garten hat ziemlich gute Ideen!

Ich machte also erst mal eine Reise durch alle Jahreszeiten: Im Frühjahr erschienen Rote Taubnesseln, Gänseblümchen, ein paar Krokusse und gleich zwei Magnolien blühten. Die Tulpe 'Purissima' stand im Efeu und eine prachtvolle frei wachsende Blutpflaume (Prunus cerasifera 'Nigra' – Foto s. S. 180) tat alles, um mich zu betören! Sie war so gewachsen, wie sie wollte, elegant und malerisch. Ungepflegte Gärten haben oft auch etwas Gutes, es schnippelt nicht dauernd jemand an den Bäumen und Sträuchern herum. Meine Blutpflaume ist eine echte Schönheit!

Im Frühsommer öffneten sich dann Türkischer Mohn, Akelei,

Hirtentäschel und Vergissmeinnicht. Ich entdeckte viele mediterrane Kräuter, wie Rosmarin und Salbei. Johannisbeersträucher, Stachelbeeren und Himbeeren rangen um Licht und Luft unter wildem Wein und zwischen Hunderten von Walnusssämlingen.

Es gab Astern, die im Herbst erschienen und sich von der Kanadischen Goldrute mit ihrem einnehmenden Wesen nicht haben verdrängen lassen. Bambus, der im naturnahen Garten in Deutschland eigentlich so gar nicht meine Pflanze ist, machte sich als Sichtschutz richtig gut. Hätte ich sofort nach der Übernahme des Gartens den Spaten geschwungen, wäre er schon in der ersten Woche rausgeflogen; welchen Wert er für mein Wohlbefinden hat, erkannte ich erst später.

Winter ist mir egal, dachte ich damals, da werde ich eh kaum im Garten sein. Diese Einstellung sollte sich aber im Laufe der Jahre grundlegend ändern.

Tipp

Zeit lassen

Auch wenn die Ungeduld brennt und es kaum auszuhalten ist, man sollte sich gerade zu Beginn genügend Zeit lassen. Das macht es beiden einfacher – dem Menschen und dem Garten.

Eines allerdings muss ich zugeben, eine Pflanze habe ich doch sofort gepflanzt. Nur eine einzige. Einen Rambler, eine stark wachsende Kletterrose, kam an die alte Kiefer im vorderen Gartenteil. Ich hatte einfach ein Bild vor Augen von dunklem Kieferngrün, durchzogen von einer weißen Kletterrose. So, wie ich mir als Kind die Magnolie vor meinem Fenster wünschte, wollte ich nun die Rose am Stamm der Kiefer haben. Je eher ich meinen Wunsch umsetzen konnte, umso eher würde er Realität werden und umso schneller würde die Rose blühen und es in ihr summen! So zog meine ‘Guirlande d’Amour’ (Foto s. gegenüberliegende Seite) als erste Neue und selbst ausgesuchte Pflanze in meinen Garten ein – sie ist nur halb gefüllt und nicht nur insektenfreundlich, sondern auch mehrmals blühend!

Im Frühjahr 2020 – zwei Jahre nachdem ich den Garten übernommen hatte – begann ich dann aktiv mit der Gestaltung. Jetzt wurde geschnitten, verpflanzt, entsorgt, verschenkt und geteilt. Es zogen neue Pflanzen ein, ich habe Gemüsebeete angelegt. Einige Nachbarn meinten: »Unglaublich, was hier passiert!«, andere sagten: »Oh – das sieht irgendwie wild aus, ein Naturgarten.« Ich freute mich – genauso sollte es sein. Das geduldige Schauen und sorgfältige Planen hatte sich also gelohnt.

Richtig planen – von Anfang an

Bevor man loslegt und beginnt, Beete und Sitzplätze überhaupt zu planen, sollte man zu jeder Tages- und Jahreszeit entspannte Stunden im Garten verbringen, einen Stuhl dabeihaben, den einfach mal überall hinstellen und Platz nehmen. Diese Art der Gartenplanung passiert nicht am Schreibtisch, sondern im Garten! Für das spätere Gartenglück gilt es, einiges vorab in Erfahrung zu bringen. Man lernt dabei den Garten, aber vor allem auch sich selbst kennen. Im Wesentlichen muss man sich sechs Fragen stellen – und auch beantworten:

Checkliste der wichtigsten Planungsfragen

1. *Wo ist es sonnig, wo schattig?*
   Zu welcher Tages- und Jahreszeit?
2. *Von wo aus sehe ich was?*
3. *Wo möchte ich abends sitzen und wo morgens?*
4. *Wo liegt lange Schnee, wo wird es früher im Jahr warm?*
5. *Zu welcher Tageszeit bin ich meistens im Garten?*
6. *Welche Wege laufe ich automatisch?*

Wie die einzelnen Bereiche des Gartens gestaltet und welche Pflanzen ausgesucht werden, hat einen entscheidenden Einfluss darauf, ob die Mission »pflegeleichter Naturgarten« gelingt oder nicht. Sitzplätze, Wege, Beete – letztendlich geht es darum, ein harmonisches Gesamtgefüge der einzelnen Bereiche zu schaffen – ein großes Ganzes, das zusammenwächst und nicht in seine einzelnen Teile zerfällt. Einen Weg ohne Ziel will keiner gehen, auf einer Terrasse ohne Schutz will keiner sitzen! Die einzelnen Bereiche sind wie Organe in einem einzigartigen Organismus. Wenn sie ineinandergreifen, sich ergänzen, dann stärken, nähren und versorgen sie sich gegenseitig. Und am Ende eben auch mich, den Gartenmenschen. Um das gut hinzubekommen, muss ich mich auf eine Gartenreise zu mir selbst begeben, mir viele Fragen stellen, diese vor allem auch ehrlich beantworten und dann Entscheidungen treffen.

Sitzplätze – wo will ich sitzen?

Ein Garten sollte so gestaltet sein, dass er zu jeder Jahreszeit einladend wirkt. Unterschiedliche Sitzplätze sind für unser Wohlbefinden, unsere Entspannung wichtig. Nicht, dass ich im Garten viel sitzen würde, aber ich habe diese Plätze in unterschiedlichster Form dennoch! Allein das Wissen, dass ich sie nutzen könnte, finde ich schon beruhigend.

Auch die Möglichkeit, sich immer mal wieder umsetzen zu können, bereichert unser Gartenleben enorm. Abends möchte man gerne an einer anderen Stelle sitzen als morgens – je nachdem, wohin die Sonne dann gerade scheint. Es wäre doch ein Jammer, wenn man frierend seinen Tee oder Kaffee trinken müsste, obwohl wenige Meter entfernt die wärmende Morgensonne in den Garten fällt. Oder wenn man abends mit der Strickjacke zittrig im Tomatensalat stochert, während die warme Abendsonne direkt an einem vorbei auf den Kompost scheint! Im März ist es an einer sonnigen Hauswand schön, im August ist es dort eine Qual, stattdessen ist es unter einem schattenspendenden Baum viel angenehmer. Wer sitzt im Sommer schon gerne an einer brütend heißen Wand und im Frühjahr im kalten Wind unter einem kahlen Baum? Wie gut, wenn man die Wahl hat.

Sitzplätze sollten geschützt und weitestgehend uneinsehbar sein. Dennoch möchten viele Menschen zumindest teilweise in ihren Garten schauen können. Wer dabei nicht dauernd die noch zu erledigende Arbeit sehen möchte, der baut sich vielleicht irgendwo im Garten noch ein ganz umschlossenes Nest. Aber rund um den Sitzplatz sollte man Ausblicke fördern und Einblicke verhindern.

Wenn eine Sitzgelegenheit nicht genutzt wird, dann wird sie aber bitte dennoch nicht eingeklappt und verräumt! Stühle und Bänke sind wichtige Gestaltungselemente und eine Einladung des Gartens an den Gartenbesitzer, es sich gemütlich zu machen. Man kennt diese ungastlichen Bereiche in Biergärten mit den hochgeklappten Stühlen. Geht es abweisender?

Ein Sitzplatz muss auch nicht groß sein. Einfach nur ein Stuhl in einer passenden Ecke – reicht. Ich habe einen »Fundstuhl«, den ich irgendwann einmal von der Straße weg adoptiert habe. Warum einen neuen kaufen, wenn dir einer zuläuft? Gut, grelles Gelb hätte ich vielleicht nicht unbedingt gewählt, aber nun ist es eben so! Wo auch immer er gerade in den Garten passt, wird der gelbe Stuhl (Foto s. S. 35 u. a.) hingestellt. Wenn die Nachtkerze blüht, leistet er ihr Gesellschaft. Das viele Gelb hat dann eine unglaubliche Fernwirkung – gerade am Abend, wenn die Nachtkerzenblüten sich öffnen, um Falter anzulocken. Und wenn sich die gelben Lilien mit dem weißen Riesenschleierkraut zeigen, dann kommt der Stuhl eben in diese Gruppe! Länger darauf gesessen hat, wenn ich mich recht erinnere, nur selten jemand. Ein guter Sitzplatz kann einfach auch nur Deko sein.

Wege – wo will ich laufen?

Passionierte »Gartenmenschen« verbringen den Großteil der Zeit, die sie im Garten sind, mit gärtnern. Manche arbeiten dabei gemütlich vor sich hin, andere wollen keine Zeit verlieren. Ich gehöre zur letzteren Gruppe und bin im Garten dauernd in Bewegung – schnell zum Schuppen, dann zum Beet, dann kurz mal an der Laube vorbei zum Kompost, von dort in die Himbeeren und dann zur Totholzhecke oder doch noch schnell zur Laube zurück! Bei dem ganzen Rumgerenne will ich Wege haben, die ohne Umwege zum Ziel führen. Auf dem Weg zum Schuppen will ich nicht gemächlich schlendern. Und da überall in meinem Garten etwas Liebenswertes wächst, will ich die Wege auch nicht verlassen, nicht einfach kreuz und quer herumtrampeln. Die Wege sind auch ein Schutz für die Vegetation.

Wer nicht im Weg steht, wird auch nicht aus Versehen zertrampelt! Und wer viel Natur und damit Spontanvegetation im Garten hat, muss besonders achtsam sein.

Es ist mir ein Rätsel, warum manche Architekten im öffentlichen Raum Wege planen, die keiner laufen mag, und Trampelpfade, die eigentlich schon existieren und die Laufgewohnheiten der Nutzer vorgeben, einfach ignorieren.

Im Garten ist das genauso. Ich rate dazu, bei der Wegeplanung einfach ganz viel herumzulaufen! Allein, zu zweit – so findet man sein ganz persönliches Wegenetz! Den Weg, den man gerne geht, ohne darüber nachzudenken. Und genau an den Stellen, die sich als Trampelpfade abzeichnen, müssen meine Wege dann auch hin!

Aus welchem Material die Wege sind, ist eigentlich reine Geschmackssache. Verlegt sollten sie immer so werden, dass sie die Fläche nicht versiegeln. Von Kies, Splitt und wassergebundenen Decken – also einem Gesteinsgemisch, das in mehreren Schichten aufgebracht wird – an Übergängen zum Innenraum oder zu einem empfindlichen Belag rate ich ab. Ständig hat man Steinchen in der Laube oder Kratzer auf dem Holz. In diesen Bereichen würde ich eher zu Holz, Naturstein oder Klinker raten. Ansonsten mag ich Wege aus Kies oder Splitt sehr gerne, sie nehmen Wasser gut auf und machen beim Laufen so schöne Geräusche!

Beete anlegen

Das Schöne an Blumen- und Staudenbeeten ist, dass sie im Grunde überall angelegt werden können, denn es gibt für jeden Standort die passenden Pflanzen. Natürlich sollten sie weder im Weg wachsen noch an so entlegenen Orten stehen, wo man sie nie sieht. Und: Je mehr es sind und je größer die Fläche ist, umso aufwändiger ist die Pflege. Unerfahrenen Gärtnerinnen und Gärtnern würde ich immer empfehlen, zunächst mit weniger Beetfläche zu starten und dann die Flächen mit der wachsenden Erfahrung zu erweitern.

Bei der Anlage eines Gemüsegartens gibt es ganz unterschiedliche Dinge zu beachten, neben der Größe und der Beetform ist vor allem der Standort entscheidend. Möglichst viel Sonne soll das Gemüse abbekommen, und das schon früh im Jahr! Fünf bis sechs Stunden am Tag muss sie auf das Gemüse scheinen – ist es zu schattig, wird es nichts. Aber gut wäre weniger Sonne abends, damit in trockenen Sommern die zarten Pflanzen nicht verdorren. Jeder Winkel im Beet muss bequem erreichbar sein. Wenn ich vor dem Entfernen von Wildkräutern oder dem Ernten erst Dehnübungen machen muss, um das Objekt der Begierde überhaupt zu erreichen, wird es zu kompliziert. Ich habe es so gemacht: Zuerst einmal habe ich alle Faktoren, die für den Erfolg beim Gemüseanbau wichtig sind, abgewogen, und als die optimale Stelle gefunden war, die zukünftigen Gemüsebeete mit Stöcken und Schnüren markiert. Wochenlang habe ich mit dem Feintuning verbracht, immer wieder die Form verändert. Etwas schmaler, etwas breiter, etwas weiter weg vom Baum ... Einige meiner Gartennachbarn hat das Schauspiel sichtlich irritiert. Es war ihnen ein Rätsel, was der Neue da treibt.

Als ich dann lange genug über die Schnüre im Rasen gestolpert war, habe ich eine Entscheidung getroffen, die pragmatischste Lösung gewählt und zum Spaten gegriffen. Links und rechts des Weges habe ich Beete abgestochen, so konnte ich den schlauchartigen Weg – der schon bestand – optisch verbreitern. Als Wege habe ich in den langen Schlauchbeeten Rasenstege stehen lassen. Mit den abgestochenen Soden wurden unschöne Stellen in der Wiese ausgebessert.

Nach knapp zwei Jahren waren Sitzplätze, Wege und Beete geplant, gebaut, und nun endlich konnte es mit meiner Lieblingsarbeit, also eher Leidenschaft, losgehen – dem Auswählen und Kaufen von Pflanzen und Saatgut!

Prinzipien meiner Gartengestaltung

Gartengestaltung muss sein, auch im Naturgarten. Es ist ein Garten und keine Wildnis. Gestaltung hört sich immer so groß an, so kraftvoll, so aktiv! Das ist es auch, aber nicht, weil es kompliziert wäre, nein, die eigentliche Hürde ist: Es müssen Entscheidungen getroffen und umgesetzt werden. Und dabei sollte man dann bleiben, man darf sich weder zu sehr irritieren noch aus dem festgelegten Konzept bringen lassen. Wie soll mein Garten aussehen? Das ist die Frage, die ich mir stellen muss! Die Antwort muss klar und eindeutig sein, das Gesamtbild muss stimmen, im besten Falle berühren. Ich befolge bei jeder Art von Pflanzplanung im Wesentlichen nur sechs ganz einfache Prinzipien.

Symmetrie

Das Prinzip der Symmetrie spielt eine wichtige Rolle. Besonders in meinem Naturgarten ist sie sehr wichtig. Das mag zunächst unlogisch erscheinen, aber: Symmetrie bringt Ruhe, Harmonie und Struktur in das wilde Durcheinander der Natürlichkeit. Wenn zum Beispiel links und rechts eines Weges die gleichen Stauden oder Sträucher stehen, dann wirkt das wie eine Pforte. Es ist eine Einladung einzutreten, hindurchzugehen, das Versprechen, dass dahinter noch etwas kommt, das gesehen und erlebt werden sollte. Dieses Versprechen können auch einfach zwei Kübel mit Funkien (Hosta), zwei Johannisbeersträucher (Ribes) oder große Tuffs von Sonnenhüten (Rudbeckia – Foto s. S. 30) oder Stockrosen (Alcea) geben.

Auf die Spitze getrieben habe ich das Prinzip in den Gemüsebeeten: Links und rechts des Weges wachsen die gleichen Pflanzen in der gleichen Abfolge (Foto s. S. 27). Wobei ich anmerken möchte, dass ich keine eindeutig zuzuordnenden Beete im klassischen Sinne habe. Bei mir wächst eigentlich alles durcheinander, Sommerblumen, Gemüse und Kräuter. Und damit das Ganze nicht zu chaotisch für das Auge wird, bepflanze ich eben symmetrisch.

Konsequenz und Gartenstil

Zugegeben: Es gibt unendlich viele Möglichkeiten, einen Garten zu gestalten und zu bepflanzen. Das macht es vielfältig, aber auch so kompliziert. Die meisten Grundstücke haben leider keine Parkgröße, um eine Pflanzensammlung anzulegen. Man muss sich also entscheiden – und damit leider auch einschränken. Zumeist wird ein Garten zudem von mehreren Menschen mit unterschiedlichen Wünschen und Bedürfnissen genutzt, dann müssen Kompromisse geschlossen werden. Es gibt eine ganz einfache Lösung für dieses Problem, die mir sehr entgegenkommt. Ich bin kein Freund von japanischen, chinesischen, marokkanischen, mediterranen oder anderweitig bei uns exotisch anmutenden Gärten jeglicher Art. Damit wir uns richtig verstehen: In ihren Heimatregionen finde ich diese Gärten wunderbar, da gehören sie hin, da spürt man ihren Zauber, ihre ganz besondere, ihnen eigene Individualität! Den traumhaften marokkanischen Garten von Yves Saint Laurent »Jardin Majorelle« hat der Modedesigner auch nicht in Paris, sondern in Marrakesch angelegt – da passt er wunderbar hin, da fühlen seine Pflanzen sich wohl. In Deutschland, in Brandenburg, Berlin oder Bayern aus Azaleen Kissen zu schneiden und Wellen in Kiesflächen zu harken oder auf der Schwäbischen Alb Olivenbäume zu pflanzen, die im Winter wie eingepackte Gespenster anmuten – das ist nicht meins und auch für die meisten Pflanzen alles andere als optimal.

Für mich ist es ganz einfach: Die Landschaftstypen der Region geben den Gartenstil und damit die Grundlage für die Bepflanzung vor. Auch das lässt noch genügend Möglichkeiten offen. In Berlin und Brandenburg kann das ein Kiefernwaldgarten, ein Sandgarten, ein Heidegarten sein. In Bayern ist ein Alpengarten, Wiesengarten oder Obstgarten wunderbar. Oder eine Mischung aus den regionalen Landschaftstypen.

Wiederholungen

Damit ein Garten oder auch ein Beet harmonisch wirkt, sollten Pflanzen und auch Farben und Strukturen an verschiedenen Stellen auftauchen, sich wiederholen. Mehrere Tuffs einer Staude werden im Beet immer besser aussehen als nur ein einziger. Das Beet, der ganze Garten wird als Einheit wahrgenommen und nicht als Flickenteppich. Auch eine bestimmte Pflanze in der Nähe, die sich in der Ferne noch einmal wiederholt, hat solch einen eleganten, ruhigen und alles zusammenhaltenden Effekt.

Farben und Formen

Kontraste und Gegensätze bringen Spannung, so ist das auch bei den Pflanzen. Ein Beet mit vielen fiedrigen Blättern, wie Akelei, Wiesenraute, Wiesenknopf und Lerchensporn macht den Betrachter ganz nervös. Feine Strukturen brauchen als Partner ruhige Flächen, diese bieten dem Auge Entspannung, es findet einen Landeplatz, einen Punkt, an dem es verharren, ausruhen und genießen kann. So werden die geschlitztblättrigen Silberkerzen (Cimicifuga) neben Funkien (Hosta) mit ihren großen Blattflächen immer besser aussehen als neben ähnlich gefiederten Wiesenrauten (Thalictrum).

Farben sind besonders stark Trends unterworfen. Der Geschmack ändert sich. In der Natur ist es so, dass bunt oft einfach entsteht und als schön empfunden wird. Eine Bergwiese hält sich an kein reduziertes Farbkonzept. Alle Farben sind erlaubt, für jedes Insekt ist etwas dabei.

Im Garten ist bunt auch schön – ohne Frage. Eine angelegte Blumenwiese vereint alle Farben. Allerdings wirkt sie eben nicht so harmonisch wie eine Bepflanzung, in der nicht mehr als drei Farben gleichzeitig das Bild eines Beets oder sogar des ganzen Gartens bestimmen. Dabei geht es um die Blüten- und weniger um die Blattfarbe. Wenn es mehr Farben werden, sieht es schnell aus wie die Farbtafeln oder Stoffmuster im Einrichtungshaus. Zu viele Farben machen das Beet unruhig, und damit auch den Betrachter. Die Farben sollten so gewählt werden, dass man schon beim Betreten des Gartens Ruhe verspürt. Harmonie – man wird nicht schneller, sondern automatisch langsamer, fängt auf dem Weg zur Haustür an zu schlendern. Weil es gut riecht, angenehme Farben Ruhe und Sicherheit ausstrahlen. Wenn man sich nicht entscheidet, sondern einfach wild durcheinander pflanzt, dann wird man im Garten schwer zur Ruhe kommen können und sich dort ungern aufhalten.

Blütezeiten

Es ist eine große Freude, Beete zu planen, Farben und Strukturen zusammenzustellen und nach dem Pflanzen dabei zuzuschauen, wie der Plan Realität wird. Wichtig dabei ist natürlich, genau auf die Blütezeiten der Pflanzen zu achten. Was nutzt es mir, wenn ich eine himmelblaue Iris mit einer rosafarbenen Prachtkerze plane und die beiden nie gleichzeitig blühen? Wenn ich Rosa und Blau kombinieren möchte, dann sollte ich zur Iris lieber einen Türkischen Mohn oder eine passende Pfingstrose wählen und zur Prachtkerze eben eine Blauraute oder eine Aster.

Groß denken

Jedes Budget kann nur einmal ausgegeben werden, man muss sich also entscheiden, auch wenn dies zu den schwierigsten Disziplinen passionierter Gartenmenschen gehört. Denn wir sind im Innersten unseres Herzens Jäger und Sammler. Wenn ich zum Beispiel für dreißig Euro Tulpenzwiebeln kaufen möchte, dann kann ich eine bunte Gruppe von vielleicht sechs verschiedenen Sorten zusammenstellen und dabei von jeder nur ein paar Exemplare nehmen, oder ich entscheide mich für nur zwei Sorten und habe dann jeweils richtig viele! Letzteres wird immer besser, gekonnter, beeindruckender aussehen. Wenn dreißig Tulpen einer Sorte gleichzeitig blühen, hat das einen beeindruckenden Effekt – sind es nur fünf, wirkt es nett, schlimmstenfalls niedlich. Ich würde auch immer mehr Zwiebeln von den preiswerteren Sorten wählen und mit teuren Sorten nur Akzente setzen. Bei Pflanzen gilt ganz klar: klotzen statt kleckern.

Dieses Prinzip gilt ebenso für Stauden, Rosen und Sträucher. Es geht immer darum, Entscheidungen zu treffen, ein Sammelsurium zu vermeiden. Beeindruckend, elegant, gekonnt wirkt beispielsweise eine Dreiergruppe von Felsenbirnen (Amelanchier). Setzt man nur eine Felsenbirne, dazu einen Hartriegel und einen Zierapfel, gleicht es einer Verkaufsausstellung – es wirkt temporär und willkürlich, und man wird der Pflanzung ansehen, dass der Gärtner sich eben nicht entscheiden konnte.

Nicht nur bei den Pflanzen, auch bei Gefäßen gilt: groß denken! Ein paar kleine Töpfe zur Begrüßung am Hauseingang sind irgendwie »lieb«. Ein großer Kübel mit einem Zierapfel, dicht mit Hornveilchen unterpflanzt, ist eine Aussage. Große Dinge haben einen großen Auftritt und damit eine große Wirkung. Übrigens auch in kleinen Gärten. Abgesehen davon sind große Gefäße viel pflegeleichter, weil man sie einfach nicht so oft gießen muss.

Die Pflanzenauswahl – welche Pflanzen machen nachhaltig Freude?

Meine Lieblingspflanzen sind allesamt unabhängig, selbstbewusst und robust. Die schönsten und natürlichsten Gartensituationen habe ich zwar geplant, aber nicht komplett. Sie entstehen aus einer Kooperation mit dem Garten. Ein Beispiel: Die Mittelmeer-Wolfsmilch habe ich gepflanzt, die weißen Prachtkerzen haben sich zu ihr gesät und dann hat sich irgendwann, ganz von allein, eine Acker-Glockenblume dazugesellt. Die Acker-Glockenblumen werden leider oft von den Mäusen abgefressen, aber in dieser Gesellschaft hat sie ein sicheres Plätzchen gefunden. Als ich erkannte, dass sich so eine wirklich schöne Kombination zusammengefunden hat, habe ich angefangen, sie zu fördern, Konkurrenten entfernt und auch mal extra ein wenig gegossen. Das ist das, was ich so mag, den Garten genau zu beobachten und dann mit ihm gemeinsam zu gärtnern.

Noch ein Beispiel: Im Spätsommer wird mein Schrebergarten immer gelber. Das liegt einfach daran, dass viele gelbe Stauden mit den sonnigen, trockenen und kargen Verhältnissen gut zurechtkommen. Gelb zeigt oft an, dass die Pflanzen der Sonne nahe sein möchten, und ganz sicher dann, wenn sie das Wort »Sonne« auch noch in ihrem Namen tragen. Der Garten weiß das und ich lasse ihn erst mal machen. Natürlich greife ich ein und gebe die Richtung vor. Aber meistens mit Geduld und sehr wohlwollend. Manchmal scheitere ich auch beim Versuch, es anders zu machen. Der Oktober-Sonnenhut (Rudbeckia triloba – Foto s. S. 30) ist zwar eine ganz wunderbare Staude, aber anfangs war mir das zu viel Gelb mit ihm, denn er sät sich fleißig aus. Besonders gern machte er es an der Stelle, die ich eher rosa-purpur-weiß halten wollte. Ich war sicher: Wenn der Oktober-Sonnenhut mit dem Standort gut zurechtkommt, dann tut das der Rote Sonnenhut (Echinacea) bestimmt auch, und mit dem könnte ich meinen Wunsch nach rosa-purpur-weiß doch viel besser umsetzen. Theoretisch eine gute Idee. Die Schnecken fanden sie leider auch richtig gut und siedelten sofort vom Kohl, den sie noch nicht ganz geschafft hatten, zum Roten Sonnenhut um. Sie ließen die Echinacea überhaupt nicht aufkommen und erstickten meine gute Idee im Schleim. Inzwischen bin ich mit dem gelben Ganzen sehr zufrieden. Spätestens seit ich entdeckt habe, dass auch viele Astern gut mit dem Standort klarkommen, und ich diese dazugesetzt habe. Mit dem Gelb in ihrer Blütenmitte und dem lilafarbenen oder blauen Kranz drum herum passen sie sehr gut zum gelben Sonnenhut. Die Bienen und Hummeln sind da ganz meiner Meinung.

Diese Beispiele zeigen, dass bei der Auswahl der Pflanzen der Standortfaktor das Wichtigste ist. Wenn der Standort passt, kann alles gut werden, passt er nicht, funktioniert das Pflanzschema garantiert nicht. Darüber hinaus gilt es, Blühlücken zu vermeiden. Soweit das möglich ist, sollte der Garten das ganze Jahr hindurch Nahrungsmöglichkeiten für die Tierwelt anbieten. Nektar, Pollen, Früchte. Blühlücken ergeben sich aber nicht nur im Verlauf der Jahreszeiten, sie ergeben sich oft auch im Laufe eines Tages. Gerade abends oder morgens sind viele Blüten noch geschlossen, ihre »Öffnungszeiten« hängen vom Licht und von der Temperatur ab. Morgens ist es zu kalt, abends zu dunkel. Die Insekten, die zu diesen Zeiten unterwegs sind, flattern oder krabbeln vor verschlossenen Türen herum, haben Hunger, versuchen in einem anderen Garten ihr Glück – und weg sind sie. Wenn ich also dafür plädiere, dass immer etwas blühen sollte, dann meine ich auch morgens und abends. In den frühen Morgenstunden ist zum Beispiel die Prunkwinde – im Englischen »Morning Glory« – eine Bereicherung auf dem Frühstücksbuffet, und in den Abendstunden freuen sich die Falter über die sich öffnenden Blüten der Nachtkerzen (Oenothera).

Neben dem Standort spielt ein weiteres Kriterium bei der Planung und Zusammenstellung der Pflanzen eine wichtige Rolle, wenn sie später möglichst ohne großen Aufwand gedeihen sollen: die natürliche Wuchsform der Pflanzen, ihr Habitus.

Pflanzen sollten nach ihrer genetisch festgelegten Wuchsform ausgesucht werden. Sie brauchen Raum zur Entfaltung. Wir sind nicht mehr im Barock, wo man Pflanzen durch Schnitt in strenge Formen gezwungen hat. Was im Barock dabei entstand, hatte mit dem natürlichen Habitus der Gewächse nichts zu tun. Heute sollen sie möglichst frei wachsen dürfen, und deshalb muss eine Pflanze von vornherein an einem Platz stehen, wo sie mit den Jahren zu ihrer vollen Größe heranwachsen kann – nicht nur in der Höhe, sondern auch in der Breite.

Flexibilität

Eine Anpassung an sich verändernde Gegebenheiten erfordert Flexibilität. Die Evolution kann weder mit »Früher war alles besser« oder mit »Alles soll so bleiben, wie es ist« etwas anfangen. Flora ist pragmatisch. Wer flexibel bleibt, hat eine Chance, wer verharrt, hat es schwer. Man kann das im Kleinen beobachten, wenn zum Beispiel ein Baum gefällt wird. Der Platz unter dem Baum war ideal für Schattengewächse. Das Immergrün (Vinca) und die Funkie (Hosta) fühlten sich dort beide gleichermaßen wohl. Nun ist der Schatten weg, die Sonne brennt ihnen auf das Laub. Das Immergrün schleicht sich mit seinen Ausläufern in den nächstgelegenen Schatten davon. Es dauert etwas, aber Immergrün ist mobil und etabliert sich eben andernorts. Es besiedelt neue Flächen, lässt die, an denen es nicht mehr gedeihen kann, hinter sich. Die Funkie als eher horstig und standorttreu wachsende Pflanze, ist kaum beweglich. Vielleicht könnte sie über Aussaat ihre Situation verbessern, aber das dauert zu lange. Letztendlich wird sie, wenn ich nicht eingreife und sie umsetze, verbrennen. Beide, das abgewanderte Immergrün und die verpflanzte Funkie, hinterlassen Platz für etwas Neues. Etwas ganz anderes, etwas, das mit dem, was dort zuvor wuchs, nichts mehr zu tun hat. Vielleicht siedelt sich dort auf den neu besonnten Plätzchen jetzt der Natternkopf oder die Ochsenzunge an. Auch die Insektenwelt an dieser Stelle wird sich komplett ändern. Als Mensch, der mit dem Garten und mit der Natur gärtnert, sollte ich mit dieser Art von Veränderung in meinem Garten mitgehen und nicht versuchen, sie aufzuhalten oder zurückzudrehen, denn dann werde ich scheitern. Wenn ich aber für meine Funkie einen neuen Schattenplatz suche und stattdessen an der Stelle vielleicht eine Blauraute (Perovskie) pflanze, zu der sich dann ein Natternkopf (Echium vulgare) gesellt, bleiben Garten und Natur im Einklang.

Einheimische Pflanzen

Möglichst viele einheimische Pflanzen im Garten zu verwenden, entspricht genau meiner Art des Gärtnerns. Ich schaue, was in der Natur und um den Garten herum wächst, und versuche das dann in meine Pflanzungen zu integrieren. Die Insekten, Amphibien, Reptilien und Vögel der Umgebung kennen die Gewächse und mit den Pflanzen bekomme ich auch sie in den Garten, biete ihnen zusätzlichen Lebensraum, den sie so gar nicht mehr oder kaum noch vorfinden. Wenn allerdings einheimische Gewächse mit dem sich verändernden Klima nicht mehr klarkommen, hat es auch keinen Sinn, diese in den Garten zu holen und mit viel Mühe am Leben zu erhalten. Das Sortiment einheimischer Pflanzen ändert sich mit zunehmender Trockenheit. Manche Pflanzen, die bislang nicht bei uns heimisch waren, werden es jetzt vielleicht. Plötzlich gedeihen Pflanzen, die vorher nie länger als zwei, drei Winter überstanden hätten, und andere, die bisher durch den Sommer kamen, schaffen es gerade bis Ende Juli, bevor sie verdorren. Ist ihr Wurzel- oder Blattwerk nicht an die veränderten klimatischen Bedingungen angepasst, ist es vorbei. Diese Pflanzen finden dann weiter nördlich ein neues Zuhause, werden dort heimisch. Pflanzen mit Pfahlwurzeln und besser an die Sonne angepasstem Laub sind plötzlich im Vorteil.

Mittelmeer-Wolfsmilch, Feige, Rosmarin, Prachtkerze, Spanische Gänseblümchen gedeihen in den letzten Jahren bei uns immer besser. Es gibt so viele Pflanzen, die inzwischen Dauergäste in unseren Gärten sind, die ich in meine Pflanzungen integriere und die von den Insekten angenommen werden. Also lautet manchmal meine Antwort auf die Frage: »Ist das auch einheimisch?« »Nicht mehr« oder auch »Vielleicht bald«.

Neophyten

Nur weil eine Pflanze eingewandert und damit ursprünglich in Deutschland nicht heimisch ist, muss sie nicht zwangsläufig invasiv oder wertlos sein. Solange sie sich gut benimmt und in die bestehende Pflanzenwelt integriert, ist sie oft sogar eine Bereicherung. Sie erhöht die genetische Vielfalt und damit die Möglichkeiten der Pflanzenwelt, sich an Veränderungen anzupassen. Als Neophyten werden alle Pflanzen angesehen, die nach 1492, dem Jahr, in dem Christoph Kolumbus Amerika entdeckte, in Gebiete kamen, in denen sie zuvor nicht heimisch waren. Und jetzt? So sind zum Beispiel die meisten unserer Gemüsearten Neophyten. Schadet es dem heimischen Ökosystem, wenn ich Tomaten anbaue? Nein! Wenn aber die Tomaten beschließen würden, unsere Gärten zu verlassen und andere Gewächse auf den Wiesen zu verdrängen, so dass manche Insekten keine Nahrung mehr fänden, dann wären sie invasiv und damit ein Problem. Fast alle unsere Zimmer- und Kübelpflanzen sind Neophyten. Eine Katastrophe wäre es, wenn sie die Fensterbänke und Terrassen verlassen, den Wald überwachsen und die ursprüngliche Vegetation innerhalb kürzester Zeit verdrängen würden. Und darum geht es: Invasive Neophyten benehmen sich schlecht, werden zum massiven Problem. Drüsiges Springkraut (Impatiens glandulifera) und Kanadische Goldrute (Solidago canadensis) lassen den anderen Gewächsen in ihrer Nähe keine Chance. Und egal, ob es sich um eine Zierpflanze oder eine Nutzpflanze handelt, solche Rowdies mag man nicht haben. Nun heißt es auch nicht, dass die Insekten nur einheimische Pflanzen nutzen können und von Neophyten nichts wissen wollen; auf einer Kanadischen Goldrutenblüte ist im Spätsommer ganz schön was los. Es wäre also okay, im Garten einen Kübel aufzustellen, wo sie wachsen darf, würde sie nicht ständig versuchen, auszubüchsen. Ich sehe das Ganze in meinem Garten recht pragmatisch und wende auch hier die Prinzipien an, die für alle meine Pflanzen gelten: Nur weil eine Pflanze ein Neophyt ist, heißt das nicht, dass sie nicht in meinem Garten sein darf. Sie ist so lange willkommen, wie sie sich rücksichtsvoll verhält. Fängt sie massiv an, andere zu verdrängen, ist ihre nächste Station der Kompost oder, falls sie starke Wurzeln hat, auch der Müll. Das gilt aber für die heimischen Pflanzen gleichermaßen.

Insektenfreundliche Pflanzen

Fast immer werde ich gefragt: »Ist die Pflanze auch bienenfreundlich?« Bienenfreundlich heißt dann häufig honigbienenfreundlich, denn Wildbienen sind oft klein, man muss genau hinschauen, und dann sehen sie womöglich gar nicht aus wie Bienen. Viele nisten im Sand oder in hohlen Stängeln und sind auf ganz bestimmte Pflanzen spezialisiert. Aber sie haben Glück! Bienen haben eine große Lobby, die viele andere Insekten nicht haben. Ich wurde noch nie gefragt, ob eine Pflanze käfer-, wanzen- oder fliegenfreundlich sei. Und wenn es um das Gemüsebeet geht, werden sowieso die meisten Insekten zu Feinden.

Ich würde mir eine andere Herangehensweise wünschen: Wenn mir in einer Gärtnerei eine Pflanze gefällt, warum dann nicht ganz generell nach dem ökologischen Wert fragen. Vielleicht gibt es ja ein Wesen, das weder hübsch noch auffällig ist, sondern ganz im Verborgenen, ohne mit schillernden Flügeln zu wedeln, einen wertvollen Dienst verrichtet. Vielleicht lockt diese Pflanze ja ein Insekt in den Garten, das durch seine Anwesenheit dafür sorgt, dass auch meine Lieblingsinsekten in meinen Garten nachkommen, weil sie dort ihren Lebensraum finden.

Gut zu wissen

Nektar- und Pollenwert

Wie so oft im Garten mache ich es mir auch hier ganz einfach: Nektar brauchen die Bienen zum Futtern, für ihre eigene Energie, und Pollen, um ihre Brut aufzuziehen. Es gibt Tabellen, die sich leider nicht immer ganz einig sind, aber in denen kann man die Nektarwerte (N) und die Pollenwerte (P) der Pflanzen nachschauen. Sie geben eine Übersicht über die Menge an produziertem Nektar und an Pollen. Diese Werte gehen von 0 bis 4. Es gibt Pflanzen, die haben einen Nektarwert von 0 und einen Pollenwert von 4. Das Schöllkraut (Chelidonium) zum Beispiel. Das heißt, wenn die Biene im frühen Frühjahr Nektar braucht, um ihre Energiereserven aufzufüllen, dann wäre sie bei dieser Pflanze falsch. Nektar ist nicht im Angebot. Wenn sie später im Jahr aber Pollen für die Brut braucht, ist sie dort genau richtig, denn Babynahrung ist dann ausreichend vorhanden. Von Mai bis September, wenn der Garten in voller Blüte steht, finden die Bienen immer etwas, da muss man sich weniger Gedanken machen, Pflanzen mit guten Werten könnte man da gar nicht vermeiden. Dann werden die Insekten auch wählerisch. Ich hatte Dichternarzissen gesetzt, nicht nur, weil ich sie schön finde – wobei mir das in diesem Falle gereicht hätte –, sondern, weil sie im Vergleich zu anderen Narzissen bessere Werte haben. Zur Blütezeit der Narzissen ist meine Gartenspeisekammer aber so reich mit Leibspeisen der Bienen gefüllt, dass Nesseln und Allium einfach begehrter sind. Das Problem mit dem Mangel an Nahrung entsteht hauptsächlich früh im Jahr und spät im Herbst, da ergibt es Sinn, den Insekten verstärkt Pflanzen mit »guten Werten« anzubieten.

Eine andere Möglichkeit ist, einfach in der Natur, auf der Wiese, im Wald, am Bach, zu schauen, was meine Lieblingsinsekten da so treiben. Wo sitzen sie, wo fühlen sie sich wohl? Diese Pflanzen kann man dann gezielt kaufen oder aussäen und so in seinen Garten holen. Wenn sie blühen, wird es nicht lange dauern – manchmal nur Minuten –, und schon sind auch die Insekten da!

Pflanzzeit – wann sollte man ein- und umpflanzen?

Allgemein – und das ist auch meine Erfahrung – gilt, dass die beste Zeit, um Pflanzen ein neues Zuhause zu geben, der Herbst ist. Man pflanzt in die regenreiche, feuchte Jahreszeit hinein, muss sich weniger um die Neuzugänge kümmern, sie zum Beispiel nicht vor aufdringlichen Wildkräutern schützen. Im Frühjahr kann es plötzlich länger trocken werden, was für das Wurzelwachstum der Neuen eher schlecht ist, man muss also ständig gießen.

Eine Ausnahme bilden die frostempfindlichen Gesellen, zum Beispiel Feigen oder Prachtkerzen, Patagonisches Eisenkraut und Mediterrane Kräuter wie Lavendel und Rosmarin. Sie sollten bis zum Frostbeginn gut einwachsen können – wobei es häufig gar nicht der Frost allein ist, der sie bedroht, sondern die Kombination aus Kälte und Nässe. Die Wurzeln faulen, können kein Wasser mehr aufnehmen, die oberirdischen Pflanzenteile welken und vertrocknen. Je besser der Wasserabzug an der Pflanzstelle ist und je kräftiger das Wurzelwerk, desto standhafter kommen diese Pflanzen durch die kalte Jahreszeit. Folglich setzt man sie besser im Frühjahr, dann haben sie die ganze Saison über Zeit, um Wurzeln zu bilden und stark zu werden.

Pflanzen in Containern und mit Ballen

Pflanzen in Containern, also Töpfen mit einem guten Wurzelballen, kann man – sofern der Boden nicht gefroren ist – das ganze Jahr hindurch setzen. Für mich ergibt es jedoch nicht wirklich Sinn, in der Sommerhitze zu pflanzen und mit extrem viel Wasser um das Überleben des neuen Schützlings zu kämpfen, wo man es doch im Herbst ganz einfach hätte, weil es ohnehin häufiger regnet.

Wurzelnackte Pflanzen

Pflanzen ohne Erdballen, also sogenannte wurzelnackte Pflanzen – wie Rosen, Hecken, Obstbäume –, werden im unbelaubten Zustand gesetzt. Sie müssen unterirdisch erst mal richtig arbeiten und Wurzeln bilden, bevor sie beginnen, Blätter zu treiben. Trockenheit während der Phase der Wurzelbildung wäre ihr Tod. Sie setzt man idealerweise von November bis März.

Pflegeleichte Pflanzen für naturnahe Gärten

Meine Herzensgärten sind einfache, vielfältige Bauerngärten. Die Mischung aus Blumen, Stauden, Gemüse, Obst und Kräutern berührt mich. Wie ein begeistertes Kind möchte ich ständig rufen: Schau mal, hast du das gesehen und das – ist das nicht schön! Ich möchte im ganzen Garten eine möglichst große Vielfalt schaffen. So kann sich ein Gleichgewicht einpendeln, das als Biotop wesentlich flexibler ist als ein Gebiet mit geringer Biodiversität. In einem vielfältigen Garten ist für jede Zufallskonstellation etwas da. Schwächelt der eine, übernimmt der andere. Es wird weder der Boden einseitig ausgelaugt, noch fällt alles einem einzigen Schädling zum Opfer wie in einer Monokultur. Abgesehen davon sieht es einfach sehr schön aus. Zum einen kann Gemüse wirklich schön sein, und zum anderen gibt es viele sinnvolle blumige Begleiter für das Gemüsebeet, die Bestäuber anziehen und die Ernte üppiger werden lassen.

Zu meinem Prinzip der ganzheitlichen Mischkultur im Garten gehört auch: Pflanze eine Auswahl von Arten und Sorten an unterschiedlichen Orten und zu unterschiedlichen Saisonzeiten im Garten. Dadurch lernt man, was wo und zu welcher Jahreszeit wachsen möchte. Darauf kann man sich dann in der nächsten Saison einstellen. Ich hatte in den ersten zwei Jahren, als es bei mir mit Gemüse losging, verschiedene Kohlsorten an vier unterschiedlichen Standorten. Das war teilweise Zufall und teilweise geplant. Letztendlich stellte sich heraus, dass der Wirsing im Halbschatten das Rennen machte. Allerdings musste ich ihn als Babykohl ernten, denn auch die Schnecken halten sich im Sommer lieber im Schatten auf und

haben den Wirsing dann genau vor der Nase. Ich ziehe also den Wirsing jetzt vor und pflanze ihn sehr früh oder sehr spät im Jahr, entweder vor dem großen Hunger der ausgewachsenen Schnecken oder erst dann, wenn sie so viel anderes zum Fressen finden, dass der Wirsing eine Chance hat.

Um die Pflanzen und den Boden gesund zu erhalten, setze ich das Prinzip der Mischkultur konsequent, aber auf eine einfache Weise um. Blumen und Gemüse unterschiedlicher Familien pflanze ich im wild wirkenden Wechsel. Kohl, ein Kreuzblütler, steht neben der Ringelblume, einem Korbblütler. Daneben dann ein Nachtschattengewächs, die Aubergine und meine Lieblingsschmetterlingsblütler, die Erbsen, gleich in unmittelbarer Nachbarschaft. Dann Lauch und Möhre und erst danach wieder ein Kreuzblütler wie Palmkohl. Sie alle ziehen unterschiedliche Schädlinge an und konkurrieren nicht im gleichen Maße um die Nährstoffe im Boden. Wenn ich alle von mir gewählten Blumen- und Gemüsearten einmal verteilt habe, beginne ich in derselben Reihenfolge wieder von vorne. So entsteht ein sich wiederholendes, mäanderndes Beet. Höhe in das Beet bekomme ich durch Rankgerüste, die ich aus den Ästen vom Baumschnitt baue.

Junge, frühe Gemüsepflänzchen bekommen im März/April zum Schutz vor Fressfeinden einen Kragen aus alten Kunststofftöpfen und -bechern, aus denen ich den Boden herausgeschnitten habe. Spatzen und Amseln sind dann zwar ziemlich sauer, weil sie nicht ans frische Grün kommen, aber damit kann ich gut leben. Es ist einfach traumhaft, den Weg vom Tor zur Laube durch das »Gemüsegärtchen« zu schlendern. Lange bevor ich dann endlich den Schlüssel ins Schloss der Laube stecke, verschwinden Erbsen und Tomaten in meinen Mund und ich sammle Kiefernzapfen und Borkenstücke aus dem Beet. Es dauert gefühlt Stunden, bis ich endlich an der Laube ankomme.

Ich bin von meinem Konzept der sich durch den ganzen Garten ziehenden Mischkultur überzeugt. Für private Kleingärtner, die sich nicht komplett selbst versorgen müssen, ist das optimal. Zwischen

Knoblauch und Erdbeeren habe ich Tulpen gesetzt. Dazwischen Himbeeren, Goldlack und Monarden. So sieht das Beet schon früh schön aus und die Insekten haben etwas zu naschen, bevor die Erdbeeren blühen; diese wiederum werden vom Goldlack mit Bestäubern versorgt, und wenn der verblüht ist, blühen die Monarden.

Nutz- oder Zierpflanze?

Ordnung ist uns wichtig und deshalb brauchen wir für alles ein Label, damit wir es sicher zuordnen können. Auch die Natur hat ihre Ordnung, die wir allerdings nicht immer erkennen und sie deshalb eben als natürlich, oft unordentlich empfinden. Die Unterscheidung in Zier- und Nutzpflanzen bereitet mir in ihrer Sinnlosigkeit häufig Kummer. Ist ein Roter Grünkohl, der in der Sonne leuchtet, eine Zierpflanze, weil ich ihn schön finde, oder eine Nutzpflanze, weil ich ihn esse? Ist etwas, das einfach nur schön ist, denn nicht nützlich? Es nutzt doch meinem Wohlbefinden. Und überhaupt: Nur weil ich etwas nicht esse und als reine Zierpflanze betrachte, kann es doch für die Insekten köstlich sein. Dann ist es also für mich eine Zier- und für die Insekten eine Nutzpflanze? Eine Mohnblüte finde ich hübsch, für eine Biene ist es ein reich gedeckter Tisch. Wahrscheinlich mache ich deshalb keinen Unterschied zwischen Zier- und Nutzgarten, weil es meines Erachtens keine sinnvollen Parameter für eine Einteilung in diese Kategorien gibt. Alle Pflanzen sind für mich Nutzpflanzen, weil sie irgendwem nutzen. Die meisten sind für mich auch Zierpflanzen, weil sie in irgendeiner Kombination oder aber ganz für sich (manchmal erst nach näherer Betrachtung) schön sind. Zugegeben: Bei Kartoffeln bin ich jetzt nicht so enthusiastisch, was ihre Schönheit betrifft, wobei so eine Kartoffelblüte durchaus attraktiv ist. Es macht für mich keinen Sinn, die Pflanzen danach einzuordnen, ob man sie essen kann oder nicht. Entscheidend ist für mich bei allen Pflanzen, ob sie ihren Ansprüchen nach an den Standort und damit zusammenpassen oder nicht und ob ich das Ergebnis gärtnerisch gelungen und optisch attraktiv finde. So steht Roter Grünkohl

So geht's

Zwei Varianten für ein blumiges Gemüsebeet von 1 × 7 Metern, die sich auf jeder gewünschten Länge immer wiederholen lassen:

Für beide Varianten gilt: *Auf der gesamten Länge – als dauerhafte Einfassung zum Weg – Vergissmeinnicht (Myosotis), Blutampfer (Rumex sanguineus) und pro Meter eine Winterheckenzwiebel (Allium fistulosum). Die erste Reihe dahinter kann mit Radieschen, Spinat, Feldsalat oder Möhren saisonal bestellt werden.*

Variante 1: *In die Mitte, so dass links und rechts drei Meter Abstand bleiben, ein Tipi-ähnliches Gerüst (Höhe drei bis vier Meter) stellen. Die Stangen des Gerüstes bepflanze ich abwechselnd mit der Stangenbohne 'Blauhilde' und der Tomate 'Schwarze Kirsche' oder 'Lady Aireen'. In die Mitte des Gerüstes Gewürzfenchel, Sonnenblumen oder Borretsch setzen.*

Variante 2: *Ein niedrigeres Gerüst (zwei Meter), bepflanzt mit der Johannisbeertomate 'Golden Currant' und einem Gemisch aus Erbsen und Wicken. In die Mitte Cosmea 'Cupcakes'.*

Links und rechts des Gerüstes in der identischen Abfolge gepflanzt: Sonnenblume, Mais, Ringelblume und Cosmea, Roter Grünkohl, Gewürztagetes (Tagetes tenuifolia), Chili, Salat 'Forellenschluss' (diesen nach der Ernte durch Basilikum ersetzen), Aubergine, Zinnie, Ewiger Kohl (Brassica oleracea var. ramosa), Löwenmäulchen.

In meinen langen Gemüsebeeten wechsle ich Variante 1 und Variante 2 ab. Die einzelnen Arten können natürlich beliebig ausgetauscht werden, Hauptsache, man bleibt im wilden Mix der Pflanzenfamilien.

Gepflanzt wird nicht in Reihe, sondern eher im Zickzack.

bei mir zwischen den Stauden und Lilien und Vergissmeinnicht, im Gemüsebeet zwischen Zwiebeln und Blutampfer. Pflanzen dürfen bei meiner Art der Gartengestaltung, auch im naturnahen Garten, einfach nur Deko sein, einfach in meinem Garten wachsen, weil ich sie schön finde, weil sie lila, gefüllt oder riesengroß sind. Ob sie Zier- oder Nutzpflanzen sind, spielt keine Rolle. Wie immer gilt: Die Vielfalt macht es, nicht die zugewiesenen Schubladen. Dennoch werde ich im Folgenden meine Lieblingspflanzen der Übersichtlichkeit halber in die gängigen Kategorien einordnen. Sie warten natürlich nur darauf, diese zu durchbrechen.

Gemüse

Ein Gemüsegarten macht Arbeit, denn er muss besonders intensiv gehegt werden. Gemüse braucht Wasser, Dünger und Schutz vor Feinden und Konkurrenten. Die Gemüsepflanzen, die ich anbaue, wähle ich nach denselben Kriterien aus wie alle anderen Pflanzen auch. Ganz oben steht immer die Frage: Was kann in meinem Garten am zugedachten Ort überhaupt gedeihen? Nur Lust auf ein Gemüse zu haben, weil es einem schmeckt, ist bei manchen Gemüsesorten wunderbar, lieber mag ich es aber, wenn es mehr kann.

Je länger ich eine Gemüsepflanze beernten kann und je mehr sie für die Artenvielfalt in meinem Garten tut, umso besser. Im Idealfall liefert die Pflanze mir Nahrung, einen attraktiven Anblick und spendet Nektar und Pollen für Insekten. In meiner Mischkultur achte ich auf ein ausgeglichenes Mengenverhältnis der einzelnen Pflanzenfamilien. Habe ich schon viele Kreuzblütler wie Kohlsorten in einem Beet, dann schaue ich mich vielleicht eher bei den Nachtschattengewächsen um und entscheide mich für eine Chili statt für Radieschen. Auch kann ich Gemüsearten, die ständiger Pflege bedürfen und mir laufend ein schlechtes Gewissen machen, nicht gebrauchen. Ich mag das Gefühl nicht, wieder irgendetwas nicht geschafft zu haben. Glücklicherweise gibt es aber viele Gemüse- und Gewürzpflanzen, die es mir leicht machen und die für meine Art der Mischkultur höchst

attraktiv sind. Besonders mag ich die, die immer wiederkommen. Entweder durch Selbstaussaat, wie der Borretsch, oder es sind einfach Staudenartige wie Winterheckenzwiebel und Blutampfer oder auch Gewürzfenchel und Ewiger Kohl. Im Folgenden beschreibe ich die Gemüsearten, die sich bei mir bewährt haben und meiner Ansicht nach für alle eignen, die naturnah und unkompliziert gärtnern wollen. Ich pflanze nicht alle davon jedes Jahr, aber alle immer mal wieder.

Auberginen

Auberginen pflanze ich eigentlich hauptsächlich aus optischen Gründen ins Gemüsebeet. Sowohl die Blüten als auch die Früchte sind eine Augenweide. Das Lila der Auberginen ist ganz besonders geheimnisvoll. Sie brauchen leider oft extrem lange und viel Sonne, bis ihre Früchte ausreifen. Deswegen muss man mit der Aussaat schon früh beginnen oder sich Pflanzen beim Gärtner besorgen. Je kleinfrüchtiger die Sorte ist, desto wahrscheinlicher ist es, dass die Pflanze es schafft, ihre Früchte ausreifen zu lassen. Außerdem hängen mehr Früchte an der Pflanze. Sie muss nicht so sehr gestützt werden, weil die Früchte gleichmäßiger verteilt sind und kein so großes Gewicht erlangen. Als Nachtschattengewächse stehen sie bei mir nicht in der Nähe von anderen Nachtschattengewächsen wie Tomate, Paprika oder Kartoffel.

Bohnen

Ich bin ein sehr großer Fan von Hülsenfrüchten. Meine Lieblingsbohne ist die Stangenbohne ‘Blauhilde’ – und das schon, seit ich begonnen habe, Bohnen anzubauen. In rohem Zustand ist sie blaulila, erst beim Kochen wird sie grün. Durch ihre auffällige Färbung macht sie mir das Ernten einfach, weil ich sie im dichten Laub gut sehe. Auf dem Teller sieht sie dann knackig grün aus, wie ich das von einer Bohne erwarte. Die besten Partner für Bohnen sind Tomaten, ein echtes Traumpaar im Beet. Ich setze sie gerne nebeneinander, denn beide wollen es sonnig. Die Bohnen können – wie das Leguminosen, also Hülsenfrüchtler, so tun – den Luftstickstoff binden, futtern den

Tomaten also nichts weg. Der starke Tomatenduft wiederum hält die Bohnenlaus weitestgehend ab. Besser kann es doch nicht sein.

Eine sogenannte Auskern- oder Palbohne, die ich gerne anbaue, einfach, weil sie so schön ist, ist die Italienische Stangenbohne 'Borlotto lingua di fuoco'. Die Bohnenkerne schmecken auch gut, aber ihr Anblick ist einfach atemberaubend. Wie kleine Wachteleier, alles Unikate. Borlotti-Bohnen sind eine wahre Freude. Wie gemaltes Porzellan, wahnsinnig hübsch. Es gibt unter ihnen Busch- und Stangenbohnen.

Kartoffeln

Kartoffeln gehören in meinem sandigen Gartenboden zu den unkomplizierten Gemüsepflanzen. Sie gedeihen überall, auch an nicht allzu sonnigen Stellen. Ich finde zwar die Saatkartoffeln, die überall angeboten werden, total verführerisch, da ich aber zumeist daheim im Vorratsschrank noch Schrumpelköppe rumliegen habe, die es nicht auf den Teller geschafft haben, nehme ich eben die. Entweder sind sie schon teilweise grün oder einfach weich und unappetitlich. Zum Kartoffelanbau kann man sie aber wunderbar verwenden, man muss nicht extra welche besorgen. Da ich Kartoffeln nur beim regionalen Bauern auf dem Markt oder in Bioqualität kaufe, waren sie bisher auch nie mit Chemikalien behandelt, die das Keimen hemmen. Kartoffeln sind Starkzehrer, sie benötigen also viel Dünger. Ein guter Nachbar ist Kohl.

Tipp

Kartoffeln vortreiben

Mitte Februar lege ich die Kartoffeln zum Vortreiben in die Halterung für die Eier aus dem Kühlschrank oder in leere Eierkartons. Wenn sie am Fenster hell und vor allem warm stehen, beginnen sie oft schon nach zwei Wochen auszutreiben. Wenn sie dann Mitte April in die Erde kommen, haben sie gegenüber den nicht vorgetriebenen Kartoffeln einen riesigen Wachstumsvorsprung.

Kohl

Kohl ist ein entspannter Geselle in meinem Gemüsegarten. Er ist robust und es gibt unendlich viele schmackhafte und extrem dekorative Sorten. Besonders den Blattkohl kann man viele Monate beernten und er hat, wenn man ihn blühen lässt, auch einiges für Biene und Co. zu bieten. Im April beginne ich auf der Fensterbank, und im Mai und Juni säe ich im Freiland Folgesaaten in Töpfen aus. Gängige Arten und Sorten wie Weiß-, Rot-, Wirsing- oder Spitzkohl kaufe ich als Jungpflanzen dazu. Die selbst angezogenen Blattkohlsorten werden erst in das Beet ausgepflanzt, wenn sie mindestens eine Hand breit hoch gewachsen sind. Erst dann haben sie eine Chance, sich gegen die Schnecken zu behaupten. Die meisten Kohlsorten sind Starkzehrer, sie wachsen schnell und benötigen gehaltvollen Boden. Organischer Volldünger, nach Packungsangabe beim Pflanzen mit eingearbeitet, hat sich bei mir gut bewährt! Außerdem versorge ich alle Gemüsebeete im Februar mit Hornspänen und Kompost. Im Herbst und Winter werden die Köpfe bildenden Kohlsorten am Stück geerntet. Die Blattkohlsorten landen blattweise in der Küche. Von unten nach oben werden pro Pflanze immer nur ein paar Blätter mit einem kräftigen Ruck am Stiel entfernt. Es müssen genügend Blätter an der Pflanze verbleiben, damit sie kräftig bleibt und aus der Mitte heraus neue Blätter bilden kann. Den ganzen Winter hindurch bis zum Frühjahr kann man ernten. Vergilbte und unschöne Blätter bleiben kleingeschnitten als Mulch auf dem Beet liegen.

Kohlrabi und Blumenkohl

Diese beiden gehören nicht zu meinen Lieblingskohlsorten im Garten. Sie benötigen regelmäßige Pflege, sonst fangen sie an zu mickern. Sie schießen, bilden keinen runden festen Kopf, sie reißen auf oder platzen. Sie sind nur etwas für Gärtnerinnen und Gärtner, die genug Muße haben, sich diesen Diven zu widmen. Ich kaufe sie lieber fix und fertig auf dem Markt. Ganz anders hingegen der Blattkohl – ein Traum an Unabhängigkeit und Rücksichtnahme auf seinen Gar-

tenmenschen. Es gibt drei Blattkohlsorten, die ich im Garten nicht missen möchte. Sie alle sehen gut aus, schmecken wunderbar und haben mit ihren vielen Blüten den Insekten etwas zu bieten.

Roter Grünkohl
(Foto s. gegenüberliegende Seite)

Wenn es um das schönste Gemüse geht, das eigentlich das ganze Jahr über ein köstliches Schmuckstück ist, sage ich nur zwei Worte: Roter Grünkohl. Ja – Grünkohl kann auch rot sein. Er sieht ungewöhnlich aus, er schmeckt, bildet laufend neue Blätter, und er blüht im Frühjahr ganz besonders üppig. Er ist auch überall einsetzbar und dekorativ, eine wahre Freude im Gemüsebeet, im Staudenbeet und sogar im Kübel auf der Terrasse, umgeben von Tulpen und Goldlack. Für mich ist er absolut unverzichtbar. Besonders gute Erfahrungen habe ich mit der Sorte 'Redbor' gemacht. Für mich ist er ein Topmodel der Pflanzenwelt, die Gisele Bündchen im Gemüsegarten. Wenn ich so eine Kohlpflanze sehe, muss ich ein Foto nach dem anderen machen. Ich kann einfach nicht damit aufhören. Ich bin dann fast ergriffen von so viel gekräuselter Schönheit. Und das wirklich zu jeder Jahreszeit. Im Winter bringt er Struktur in den Garten, mit Schnee und Eis auf den Blättern macht mich sein Anblick sprachlos!

Flower Sprouts

Diese Kohljuwelen habe ich erst vor ein paar Jahren entdeckt. Es sind die Paradiesvögel unter den Kohlsorten. Das Laub ist blaugrün mit lila, sehr dekorativ. Flower Sprouts oder Kalettes sind eine Mischung aus Grünkohl und Rosenkohl. Die Röschen sehen aus wie in Panik geratener Rosenkohl und sitzen ebenfalls in den Blattachseln. Ich ernte die Röschen und brate sie im Ganzen in etwas Olivenöl in der Pfanne an. Grobes Salz, ein paar Pinienkerne dazu – das ist pur, köstlich und knackig. Und dieser Kohl tut auch meiner Seele gut, indem er den winterlichen Garten ungemein schmückt. Er blüht üppig dunkelgelb und versamt sich gut, ohne lästig zu werden.

Palmkohl

Klingt erst mal ungewöhnlich, aber dieser Kohl hat die exotischste Anmutung in der Kohlfamilie. Zwar ist er ein Kohl, ich vermute jedoch, er glaubt, er sei eine Palme. Denn im Beet ist er mit seinen blaugrünen, leicht gewellten schmalen Blattwedeln eine echte Sensation. In Italien heißt der Palmkohl 'Nero di Toscana'. Seine Blätter, in Stücke geschnitten und mit etwas Knoblauch angebraten, ein bisschen Chili und ein paar Tropfen Öl – da läuft einem das Wasser im Munde zusammen. In nicht allzu frostreichen Wintern bleibt er ganzjährig attraktiv. In einem großen Kübel mit Gewürztagetes und Mangold ist er eine wahre Pracht.

Tipp

Kohl blühen lassen

(Foto s. gegenüberliegende Seite)

Im Frühjahr beginnen die Blattkohlpflanzen Knospen zu treiben und im April/Mai zu blühen. Dazu dürfen die Kohlpflanzen natürlich nicht komplett geerntet oder abgeschnitten werden. Das Herz der Pflanze, die Mitte, aus der sie immer weiter austreibt, muss verschont bleiben. Man kann die Knospen ernten und essen oder den Kohl blühen lassen. Das machen alle Kohlsorten von ganz alleine, wenn wir sie lassen. Selbst ein vergessener runder Kohlkopf wird und will blühen. Dann ziehen sich gelbe Blütenwolken durch die Beete und die sind nicht nur eine Augen-, sondern vor allem eine willkommene Bienenweide. In so einer blühenden Kohlpflanze summt es laut und munter und sehr geschäftig! Nach der Blüte bilden sie Samen, die ich dann – ganz praktisch – teilweise für die Aussaat im kommenden Frühjahr nutzen kann. Sie säen sich auch von alleine aus. Die Pflänzchen kann ich dann versetzen oder – wenn es zu viele werden – leicht entfernen.

Kürbis

Von einer glücklichen, unkomplizierten Verbindung kann man bei Kürbissen und mir nicht sprechen. Zwei Jahren habe ich versucht, mich mit Kürbissen im Garten anzufreunden. Oder sie sich mit mir – wie man es nimmt. Sie wollten einfach nicht wachsen. Immer war irgendwas. Zumeist verhinderten Schnecken oder Wühlmäuse nicht nur die Ernte, oft waren schon die Jungpflanzen mit schleimigen Fraßspuren übersät, bevor sie überhaupt erst zum Blühen kamen. Dann schien es irgendwann endlich zu klappen. Ein Spaghettikürbis – schlau wie er ist – hat sich ganz oben auf dem Jägerzaun in Sicherheit gebracht. Eine Ranke war dort hinaufgeklettert und hatte eine Frucht gebildet. Nun saß die Frucht da und schaute genüsslich in die Sonne. Eines hat der Kürbis mir mit seinem Fluchtversuch gezeigt. Die Ranken müssen weg vom Boden. Dort sind sie den Schnecken einfach zu nah. Seitdem setze ich die Pflanzen in riesige Kübel und ziehe sie an Holzgestellen oder eben einem starken Zaun mit Hochsitz für die Früchte nach oben. Ich hatte immer etwas Angst, er könnte abstürzen, aber er legt sich seine Ranke als Sicherheitsgurt um und bleibt sitzen. Oft wundert man sich, warum die Kürbisse und auch die Zucchinipflanzen blühen, aber keine Früchte bilden. Das liegt daran, dass sie zunächst nur männliche und erst später weibliche Blüten bilden. Die männlichen sind dazu da, erst mal die weiblichen Blüten anderer Pflanzen zu bestäuben und nicht die eigenen. Erst wenn dann die Pflanze auch weibliche Blüten treibt, ist sie in der Lage, Früchte zu bilden. Trotz dieses ersten Erfolges pflanze ich Kürbisse in meinem Schrebergarten nur wohlüberlegt an. Ich kann ihnen nicht wirklich gerecht werden, ihnen weder die Regelmäßigkeit in der Pflege, die sie benötigen, noch ausreichend Platz bieten.

Mangold

Mangold muss ich im Gemüsebeet haben. Eine köstliche Zierde. Gerade Stielmangold mit seinen bunten Blattstielen hat es mir angetan. Weiß, Gelb, Orange, Rosa und Rot – er sieht einfach so schön bunt aus. Er schmeckt mir auch ausgesprochen gut, und als zweijährige Pflanze übersteht er sogar milde Winter, so dass man ihn laufend ernten kann. Es gibt viele verschiedene Sorten. In meiner Mischkultur hat er als Nachbarn Zwiebeln, Gewürztagetes und Bohnen. Andere Fuchsschwanz- oder Gänsefußgewächse gilt es als Partner im Beet zu vermeiden. Also Pflanzen wie Spinat, Amaranth, Rote Bete oder andere Rüben aller Art. Ich – und alle meine Nachbarn – hatte immer das Problem, dass die Vögel im Frühjahr die jungen Pflanzen abgefressen – ja förmlich abgeraspelt – haben. Die saftigen frischen Blätter waren einfach zu verlockend für die nach dem Winter nach Grün lechzenden Vögel. In einer Zeit, in der das Angebot ansonsten noch recht spärlich ist, waren die jungen Mangoldpflanzen ein gefundenes Fressen. Ich habe ein paarmal erfolglos versucht, ihn zu etablieren, und ihn dann letztendlich doch frustriert von meiner Gemüseliste und somit vom Speisezettel der Spatzen gestrichen.

Irgendwann kam ich auf die Idee, den Mangold erst dann anzubauen, wenn die Spatzen nicht mehr winterhungrig, sondern vielleicht schon sommersatt sind. Von Vorteil wäre das auch, weil sie ihre hungrigen Nachkommen dann schon aufgezogen haben. Und tatsächlich, das war die Lösung, der Weg zum Mangold in meinem Garten! Seit ich die Jungpflanzen erst spät im August/September setze, hat er eine viel größere Chance zu überleben. Ich verstecke ihn auch ein bisschen im Beet, zwischen bunten Nachbarn wie Zinnien – dann dauert es etwas länger, bis das Spatzenauge ihn erspäht.

Salat

Frühjahrssalate gelingen bei mir im Garten gut, Sommersalate eher weniger. Schnecken, Trockenheit – irgendwas ist im Sommer immer. Mein absoluter Lieblingssalat heißt 'Forellenschluss' (Foto s. gegenüberliegende Seite). Als ich ihn das erste Mal sah, dachte ich: »Wow! Wie schön kann ein Salat eigentlich sein!« Er sieht so lecker aus, dass ich mich am liebsten schon mit dem Dressing in der Hand an den Beetrand gesetzt hätte. Er ist ein robuster Bataviasalat und damit sehr wuchsfreudig – kaum vorstellbar, dass diese alte Sorte fast gänzlich in Vergessenheit geraten ist, weil viele Menschen die Flecken auf den Blättern nicht mochten. Ich jedenfalls bin total begeistert, auch von seinem buttrig nussigen Geschmack.

Tipp

Salat nicht zu tief pflanzen

Salatblätter müssen im Wind wehen. Sie dürfen nicht zu tief gesetzt werden, denn sonst drohen sie zu faulen! Das Herz darf keinesfalls mit Erde verschüttet werden. Also eher etwas erhöht setzen, so dass die Blätter gut im Wind flattern und abtrocknen können.

Radicchio Rosso di Treviso

Die Wegwarte hat eine für den naturnahen Gemüsegarten sehr geeignete edle Verwandte. Der Rosso die Treviso, ein Blattchicorée, gehört zu den Gemüsen, die auch im milden Winter die Beete zieren. Ich ziehe die Pflanzen aus Saatgut ab April vor und setze sie, wenn sie etwa zehn Zentimeter hoch sind, in den Garten an eine eher halbschattige Stelle.

Weinrot leuchtend steht der Radicchio dort und kann dann Blatt für Blatt von außen nach innen geerntet werden. Wenn man die Mitte, das Herz, verschont, ihn also nicht ganz erntet, dann blüht er im Frühsommer in strahlendem Blau, genauso wie das Wegwarten eben tun. Die Blüten öffnen sich zwar nur in den Vormittagsstunden, da allerdings sind sie ein willkommenes Frühstücksbuffet für alle Bienen.

Tomaten

Bei der Auswahl der Tomatenpflanzen beschränke ich mich ganz auf Sorten, die für den Anbau im Freiland geeignet, also gegen die gefürchtete Kraut- oder Braunfäule weitestgehend widerstandsfähig sind. Diese Pilzkrankheit verbreitet sich bei zu viel Feuchtigkeit, vor allem, wenn die Pflanzen nach dem Regen oder dem Gießen nicht abtrocknen können. Wer also keinen Schutz vor Regen bieten kann oder möchte, baut eben nur robuste Sorten im Garten an. Ich habe aber schon Jahre erlebt, in denen dennoch am Ende einer feuchten Wetterperiode von einem Tag auf den anderen mein gesamter Tomatenbestand komplett mit einem graubraunen Pilzrasen überzogen war. Alle Tomatenpflanzen landeten schließlich im Hausmüll. Nie hätte ich zuvor geglaubt, dass so viel Arbeit und Freude innerhalb von ein paar Stunden vergebens gewesen sein könnten. Ein Risiko bleibt also, selbst wenn man weitestgehend robuste, für das Freiland geeignete Sorten wählt. Das Wetter ist von Jahr zu Jahr unterschiedlich. Mal ist es ein Tomatenjahr und manchmal ist es eben keines.

Ich säe Tomaten immer spät aus. Erst im März kommen sie auf die sonnigste Fensterbank, die ich bieten kann. Und ich pflanze sie früh in die Beete, schon in der ersten Maiwoche, also vor den Eisheiligen. Natürlich muss man das Wetter beobachten und die Pflanzen bei Frostgefahr mit Gärtnervlies, Anzuchtglocken oder Pflanzenhüten schützen. Das Beet, in dem die Tomaten wachsen sollen, versorge ich schon im Februar mit organischem Dünger, in diesem Falle mit Hornspänen, Rinderdungpellets oder Kleegraspellets. Da ich hauptsächlich nach dem Prinzip der Flächenkompostierung arbeite, also alles kleinschneide und auf den Beeten liegenlasse, steht den Bodenlebewesen ohnehin immer organisches Material

in unterschiedlichen Zersetzungsstadien zur Verfügung. Meistens nehme ich den organischen Dünger, der eben gerade in der Kammer herumsteht. Damit die Pflanzen mehr Wurzeln bilden, werden die Jungpflanzen mindestens zehn Zentimeter tief – das ist oft bis zur Hälfte – eingebuddelt. Allerdings nur, wenn es keine veredelten Sorten sind – die werden ganz normal eingepflanzt. Ich entferne regelmäßig das Laub, das nach innen wächst und zu dicht steht. So kann die Pflanze bei feuchtem Wetter schnell abtrocknen, was die Gefahr, Braun- oder Krautfäule zu bekommen, zumindest ein bisschen verringert. Bei Stabtomaten werden regelmäßig die Seitentriebe aus den Blattachseln entfernt, das nennt man »ausgeizen«. Busch- und Wildtomaten geizt man hingegen nicht aus. Ende August, Anfang September knipse ich die obersten Blüten ab. Das hat zwei Gründe: Die Saison reicht nicht mehr aus, damit diese letzten Blüten schmackhafte Früchte bilden könnten, und die schon vorhandenen Früchte reifen besser aus.

Tipp

Tomaten in ein Bett aus Brennnesseln pflanzen

Beim Auspflanzen bekommen die jungen Tomaten frische Brennnesseln in das Pflanzloch. Einfach eine Handvoll kleingeschnittene Brennnesseln hineingeben und die Tomaten direkt darauf setzen. So bekommen sie gleich zu Beginn eine Art Stickstoff-Booster. Zusätzlich wird beim Zersetzen Wärme erzeugt, diese wirkt dann wie eine kuschelige Socke für die Wurzeln.

Ich nasche Tomaten übrigens gerne direkt von der Pflanze weg und finde ihre Vielfalt im Garten höchst attraktiv. In den letzten Jahren habe ich einige Tomatensorten ausprobiert – alles robuste Freilandsorten. Dabei musste ich feststellen, dass nicht jede Sorte in jedem Jahr gleich gut funktioniert. Besonders die Menge des Ertrags kann erheblich variieren.

Für mich kommt es bei Tomaten vor allem auf zwei Dinge an: Ja, der Geschmack ist entscheidend – aber nicht weniger wichtig ist das Aussehen der Früchte. Bei Tomaten habe ich immer Lust, neue Sorten zu probieren, aber die, die sich bewährt haben, kommen auch jedes Jahr wieder ins Beet. Eine große Tomatenvielfalt im Garten zu haben mit Sorten, die es sonst kaum zu kaufen gibt, ist doch einfach ein Glück. Ich pflege sie auch gern, weil sie gut riechen, so einzigartig tomatig. Im Folgenden habe ich ein paar Tomatensorten zusammengestellt, mit denen ich im Freiland gute Erfahrungen gemacht habe, in vielen Farben und mit unterschiedlichen Reifezeiten.

'Green Zebra'

Mit ihren grünen Streifen auf grüngelbem Grund ist sie eine wahre Schönheit. Die Pflanzen werden nicht riesig, bleiben aber weitestgehend gesund. Diese Sorte wurde aus vier alten Tomatensorten gezüchtet. Bei mir im Garten ist 'Green Zebra' sehr robust und sie trägt auch recht viele große Früchte. 'Green Zebra' gehört definitiv zu den Tomatensorten, die ich jedes Jahr aufs Neue pflanze. Sie schmeckt frisch, säuerlich, ein bisschen zitronig und sieht halt einfach irre schön aus.

'Yellow Submarine'

Zum Tomaten-Glück habe ich vor ein paar Jahren 'Yellow Submarine' kennengelernt. Sie trägt als eine der ersten Sorten Früchte und ist wahnsinnig köstlich. Eine kleine Cocktailtomate, mit wenigen tropfenartigen, dunkelgelben Tomätchen, die wie dekoriert an kurzen Rispen hängen. Auch bei dieser Sorte heißt es immer Samen ernten und in jedem Jahr neu anbauen.

Wild- oder Johannisbeertomaten

Die Lösung für alle, denen die kontinuierliche Tomatenpflege eigentlich zu viel Arbeit ist. Man kann sie einfach an irgendeinen sonnigen Standort setzen und muss sie weder ausgeizen noch regelmäßig anbinden noch Angst haben, dass sie die Braun- oder Krautfäule bekommen könnten. Ich setze sie einfach in größere Lücken – überall im Garten – und lasse sie machen. Teilweise versamen sie sich sogar ganz von selbst. Wenn es um sorgenfreien Tomatengenuss – auch auf dem Balkon – geht, dann empfehle ich unbedingt, diese kleinen Perlen anzupflanzen. Am besten in Rot, die 'Rote Murmel', und Gelb, die 'Golden Currant' (Foto s. gegenüberliegende Seite)!

'Tigerella'

Ein echter Hübschling ist die 'Tigerella'. Aber sie ist nicht nur höchst attraktiv mit ihren grünen Streifen auf rotem Grund, die sich mit der Reife orange färben, sie hat auch enorme innere Werte! Die Pflanze ist gesund, die Früchte köstlich saftig, und sie trägt gleichmäßig über einen langen Zeitraum. Als samenfeste Sorte klappt das mit dem Sammeln der Samen und der erneuten Anzucht in der kommenden Saison ganz hervorragend.

'Gardener's Delight'

Diese Cocktailtomate lässt den Tomatengärtner ganz entspannt genießen, und zwar schon recht früh. Als eine der Ersten streckt sie einem ihre gleichmäßig roten Früchte entgegen. Man kann gar nicht anders, als sie abzurupfen und sofort in den Mund zu stecken. Eine der besten Naschtomaten.

'Schwarze Kirsche'

Als ich sie das erste Mal anbaute, dachte ich immer, na, wird das noch etwas mit deiner Farbe, du siehst gar nicht schwarz-rot, eher mauve oder blassrot aus. Diese Cocktailtomate springt einem wirklich nicht sofort ins Auge, dabei sollte sie es tun. Die Pflanze ist gesund und kaum anfällig und unglaublich ertragreich, bis zum Frost. Die Früchte schmecken süßlich mild. Ich war sehr beeindruckt, als ich sie das erste Mal im Beet hatte, und nun ist sie definitiv eine der Tomaten, die ich jedes Jahr haben muss.

Ebenfalls sehr gute Erfahrungen im Freiland habe ich mit den Sorten 'Lady Aireen Sweety Pie' und 'Black Plum' gemacht.

Indigo-Tomaten

Wie schwarze Perlen hängen die kugelrunden Cocktailtomaten der Sorte 'Indigo Blue Berries' an der Pflanze. Manchmal könnte ich mich einfach nur fasziniert vor sie hinsetzen und sie bewundern. Gerade nach einem Regen funkeln sie unglaublich, mit den glitzernden Regentropfen auf der blauschwarzen Tomatenhaut. Zu meinen Geschmacksfavoriten gehört sie allerdings nicht. Sie braucht ewig, um reif zu werden, ihre Haut ist recht fest und nicht leicht zu kauen und sie schmeckt irgendwie einfach nur säuerlich, so, als hätte die Natur, ebenfalls ergriffen von ihrer magischen Schönheit, das Aroma vergessen. Mit der ebenfalls robusten, blauschwarzen Sorte 'Indigo Rose' geht es mir ähnlich.

Gemüse und Kräuter für den »Dauerbetrieb«

Besonders praktisch und nachhaltig finde ich Nutzpflanzen, die, wie man es von Stauden kennt, einfach Jahr für Jahr wiederkommen – keine Aussaat, kein Pikieren – nichts. Da unsere Sommer immer trockener werden und Wasser immer knapper wird, ist es von Vorteil, wenn man Gemüsesorten anbaut, die auch mit etwas schattigeren Standorten zurechtkommen und deshalb auch weniger gegossen werden müssen. Auf diesen Standorten haben sich in meinem Garten Bärlauch, Blutampfer, Borretsch, Rhabarber, Staudensellerie, Petersilie, Liebstöckel und Minze gut bewährt.

Blutampfer (Rumex sanguineus)

Schön und essbar zugleich – das trifft auf den Blutampfer eindeutig zu. Wenn die Morgensonne in sein rot geädertes Laub scheint und ihn zum Schillern bringt, dann ist das schon ein besonderer Anblick. Vergissmeinnicht sind attraktive Nachbarn, zusammen sind sie ein sehr schönes Paar. Ich nutze diesen Dauergast im Garten teilweise als Beeteinfassung im Gemüsegarten. Er bildet keine Ausläufer und bleibt brav an seinem Platz, außerdem ist er immer belaubt und schützt so die zarten Keimlinge der Direktaussaaten etwas vor dem Wind. Wie beim Rhabarber auch sollten die Blätter bei der Ernte nicht zu alt sein, weil sich Oxalsäure in ihnen anreichert, die in größeren Mengen die Nieren schädigen kann. Die Gefahr, dass ich zu viel davon esse, besteht aber nicht, denn zugegebenermaßen schmeckt mir sein saures Laub nicht sonderlich. Hingegen besteht die Gefahr, dass ich irgendwann zu viel Blutampfer im Garten habe, denn er sät sich auch sehr stark aus und taucht überall im Garten auf. Selbst im tiefsten Schatten, wo sein Laub gleichmäßiger rot und sehr attraktiv wirkt. Also ist er überall schön und ich bringe es oft nicht übers Herz, ihn zu entfernen. Inzwischen schneide ich die Blütenstiele heraus, um ihn in seinem Ausbreitungsdrang etwas zu dämpfen.

Ewiger Kohl (Brassica oleracea var. ramosa)
(Foto s. gegenüberliegende Seite)

Einmal pflanzen, jahrelang kontinuierlich ernten – das ist ganz nach meinem Geschmack. Diesen Wunsch hat mir der Ewige Kohl erfüllt. Es gibt ihn in reinem Grün und mit weißem Rand auf dem Laub. Diese panaschierte Sorte heißt 'Variegata'. Sein Trick: Er hat sich dem üblichen Vermehrungszyklus entzogen, macht weder Blüten noch Samen, sondern vermehrt sich rein vegetativ. Er wächst und wächst und kann so ewig beerntet werden. Ewiger Kohl ist ein Blattkohl, der laufend schmackhafte Blätter liefert. Solange er jung ist, sollte man ihn nicht sofort kahlernten, sondern immer mindestens zwei Drittel seines Laubes an der Pflanze lassen, damit er immer weiter produzieren kann, was er auch bereitwillig macht. Kohl – auch der Ewige – ist ein Starkzehrer, deswegen sollte er immer gut mit Nährstoffen versorgt sein. Im Sommer verträgt er mit seinem ledrigen Laub auch kurzzeitig Trockenheit, und er kann gut im Halbschatten stehen.

Wilder Fenchel (Foeniculum vulgare var. vulgare)

Ich baue Fenchel nur als Gewürzfenchel an. Das Ringen um eine schöne Knolle, beim Knollenfenchel, habe ich einfach zu häufig verloren. Mal war ich zu früh dran mit der Aussaat, mal zu spät, mal war die Temperatur zu unregelmäßig, dann war es wieder zu feucht oder die Raupe war nimmersatt. Aber Fenchel gehört einfach zu den Immerschönen im Garten. Und als Gewürzpflanze ist er auch absolut empfehlenswert. Wenn man Staunässe vermeidet, ist er unkompliziert. Das frische Laub ist im Frühjahr ein Zungenkitzler und die Samen machen selbst aus den oft eher zurückhaltend schmeckenden Zucchinifrüchten ein Geschmackserlebnis. Als Doldenblütler – wie Möhren, Petersilie und Dill – steht er auch auf dem Speisezettel der Schwalbenschwanzraupen. In meinem Garten habe ich allerdings leider weder Raupen noch Falter entdeckt. Zu jeder Jahreszeit ziert Fenchel den Garten – im Gemüsebeet gleichermaßen wie im Staudenbeet. Besonders attraktiv ist der Bronzefenchel.

Rhabarber (Rheum rhabarbarum)

(Foto s. gegenüberliegende Seite)

Rhabarber wird dem Gemüse zugeordnet und nicht dem Obst, weil man seine Blattstiele erntet und keine Früchte. In meinem Garten wachsen mehrere unterschiedliche Sorten, die sich in ihrem Säuregrad unterscheiden, wobei ich zugeben muss: Sauer sind sie alle. Ich sehe ihn als Staude und setze ihn so auch ein. Mit seinen monumentalen Blättern ist er ein echter Kerl im Garten. Wenn die Pflanzen nach etwa zwei Jahren richtig eingewachsen sind, beernte ich sie so, dass immer mindestens die Hälfte der Blätter stehen bleibt. Damit es keine Faulstellen am Wurzelstock gibt, schneide ich die Blattstiele nicht ab, sondern drehe sie mit einem festen Ruck heraus. Ich lasse ihn natürlich blühen, und die Fliegen und Schwebfliegen geben mir damit recht. Ob das nun die Pflanze schwächt oder nicht, spielt in meinem Garten keine Rolle, ich habe ja genügend Pflanzen, und ob ich nun drei Stangen mehr oder weniger ernte, ist nicht relevant. Wichtig ist, dass er in der Wachstumsphase gut mit Dünger versorgt wird. Rhabarber wächst auch im Halbschatten gut und am Rand eines Teiches; wenn sich sein Laub im Wasser spiegelt, sieht er ganz besonders attraktiv aus. Bei mir bekommt Rhabarber als Nachbarn Zierlauch (Allium). Unter den großen Blättern des Rhabarbers kann man das früh vergehende Laub des Zierlauches gut verstecken. Es sieht auch unglaublich schön aus, wenn sich aus den riesigen Blättern die aufstrebenden lilafarbenen und weißen Blütenbälle des Alliums erheben.

Winterheckenzwiebel (Allium fistulosum)

Frisches Zwiebelgrün ohne Ende. Winterheckenzwiebeln sind ein Segen im Garten. Laufend produzieren sie ihre hohlen, duftenden und angenehm mild lauchig schmeckenden Halme. Jahr für Jahr machen sie das. Ich habe Pflanzen im gemischten Gemüse- und im Staudenbeet, die sind schon viele Jahre alt und werden immer üppiger. Im Frühjahr treiben sie kugelige weiße Blüten und bieten den Hummeln begehrte Schlemmerplätze. Sie laden sie ein, ein bisschen in ihnen herumzuwühlen. Das Laub kann man einfach abschneiden und roh über alle möglichen Salate und Nudelgerichte streuen oder es auch andünsten. Mit ihrem aufrechten Wuchs bringen sie Höhe in das Gemüsebeet. Wenn im Frühjahr alle anderen Gemüsearten erst noch nach oben wachsen wollen, sind sie schon da. Ich setze sie gerne zu Rotem Grünkohl, weil mir die beiden zusammen gut schmecken und weil das Lila der Kohlblätter mit den Blüten der Zwiebeln sehr schön aussieht. Laut Mischkulturtabelle sind Zwiebeln und Kohl schlechte Nachbarn. Da meine aber nicht lesen können und es hier mehr um das Laub als um die Zwiebel geht, scheint ihnen das nichts auszumachen – im Gegenteil, seit Jahren bekommen meine Winterheckenzwiebeln Kohl als Nachbarn und es bekommt ihnen gut!

Gute Nachbarn: Gemüse, Kräuter, Beeren

Erdbeeren und Knoblauch
Gewürzfenchel und Bohnen
Bohnen und Tomaten
Tomaten und Basilikum
Blutampfer und Steckzwiebeln
Winterheckenzwiebeln und Kohl
Kohl und Staudensellerie
Kohl und Paprika
Salat und Aubergine

Mediterrane Kräuter

Machen wir uns nichts vor: Rosmarin, Heiligenkraut, Salbei, Thymian und Lavendel wären allesamt lieber im Süden am Meer auf kargen Böden in der Dauersonne als im Bayrischen Wald. Sie sind durch ihre anatomische Bauweise mit ihrem kleinen, festen Laub mit der dicken Wachsschicht, den silbrigen Härchen und Schuppen ganz auf Sonne und wenig Wasser eingestellt – das sollte uns immer klar sein. Wir müssen sie bei uns eigentlich schlecht behandeln, weder düngen noch dauernd gießen. Deswegen sind Lavendel und Rosen auch wirklich schlechte Partner im Beet. Die Rosen wollen einen fetten, lehmigen, nahrhaften Boden – der Lavendel will nichts. Außer der Liebe zur Sonne, die beide mindestens fünf Stunden am Tag genießen wollen, haben sie keine Gemeinsamkeiten. Mediterrane Kräuter lassen sich gut in Pflanzungen an sonnigen Hängen und Steingärten integrieren. In meinem Garten sind ihre Nachbarn Mazedonische Witwenblumen, Monarden, Riesenschleierkraut, ein Feigenbaum, Madonnenlilien und Zierlauch.

Tipp

Mit Kräutern duschen

Kräuterduschen mit frischen Kräutern aus dem Garten sorgen für kostenlose Wellnessmomente. Ich habe einen riesigen Rosmarin. Damit der buschig bleibt, schneide ich ihn in dem Moment, wo er anfängt, frisches Grün zu bilden, zurück. Das ist oft im Mai/Anfang Juni der Fall. Das Schnittgut lässt sich prima zu Bündeln zusammenfassen und unter den Duschkopf hängen. Wenn dann das warme Wasser darüber läuft, duftet das ganze Bad herrlich aromatisch nach Rosmarin. Das funktioniert natürlich auch mit Lavendel und Minze. Tief einatmen – das ist Entspannung pur aus dem Garten.

Ein- und zweijährige Blumen

Einjährige Blumen schaffen alles, was sie tun müssen, in einem Jahr: Keimen, wachsen, blühen, Samen bilden – und los geht es wieder von vorne im Jahr darauf. Zweijährige machen es etwas entspannter. Im ersten Jahr keinem sie und wachsen zu einer kräftigen Pflanze heran, im zweiten Jahr bilden sie Blüten und Samen. Bei vielen dieser Gewächse hängt es vom Zeitpunkt der Aussaat ab, ob sie den kompletten Vegetationszyklus in einem Jahr schaffen oder ob es doch zwei Jahre dauert. Werden Bartnelken zum Beispiel im Februar vorgezogen, schaffen sie es oft noch im selben Jahr zur Blüte, sät man erst im späten Frühjahr, lassen sie sich ein Jahr mehr Zeit. Dies kann man sich natürlich zunutze machen, um jederzeit blühende Pflanzen im Garten zu haben. Einen Teil des Saatguts sät man früh aus, den Rest später. Viele benötigen, wenn sie sich erst einmal im Garten wohlfühlen, keine Unterstützung mehr, sondern sie sorgen ganz von allein für ihre Verbreitung. Ich mag sie alle recht gern und lasse sie einfach machen. Nur wenn sie an einer Stelle zu viel werden, greife ich ein.

Feldrittersporn (Consolida regalis)

(Foto s. gegenüberliegende Seite)

Bei dieser zarten Schönheit kann man mit autoritärem Gärtnern absolut nichts erreichen. Ich habe Saatgut gekauft, gesammelt, geschenkt bekommen – nichts hat funktioniert. Dann habe ich gelesen, sie brauche einen Kältereiz, um zu keimen, also habe ich im Herbst gesät, im frühen Winter, kurz vor den Eisheiligen – nichts führte auch nur annähernd zum gewünschten Ergebnis. Auch mit Sämlingen von den Nachbarn klappte es nicht, keiner meiner Standortvorschläge hat gepasst. Ich stellte mir Hunderte von blühenden Stielen vor, in Blau, Weiß, Rosa, die sich, von Grashalmen umspielt und von Bienen umsummt, im warmen Frühsommerwind wiegen. Stattdessen entwickelten sich hauchdünne Stängelchen, die schon beim Flügelschlag einer Biene umzuknicken drohten, ganz zu schweigen davon, dass sie die Landung einer Hummel ohne Totalschaden überstanden hätten. Irgendwann bekam ich zwei Töpfchen mit kräftigen Pflanzen von einer Nachbarin geschenkt, die ich für ihren Erfolg beim Ackerrittersporn sehr beneidete. Oft schaute ich in ihren Garten und dachte, was hat sie, das ich nicht habe? Ich stellte die Töpfe ohne irgendwelche Ambitionen einfach in die Wiese, dorthin, wo ich es mit Saatgut schon etliche Male versucht hatte, und überließ sie ihrem Schicksal. Sie blühten einigermaßen stattlich, so, wie ich es vorher nie hinbekommen hatte, sie bildeten Samen und verstreuten diese. Und – siehe da – im Jahr darauf erschienen überall die Sämlinge. Ich habe ihnen dann erst mal etwas Luft verschafft, indem ich das Gras um sie herum vorsichtig entfernte. Seitdem turnt der Feldrittersporn munter und autonom durch meinen Garten. Für mich ist klar: Viele Pflanzen kann man sich wünschen, aber ob es wirklich etwas wird, entscheiden sie selbst. Dabei wächst der Ableger oder das Saatgut von einem Standort in der Nähe oft besser als von weiter entfernten Plätzen. Die Pflanzen aus der Umgebung wissen dann schon, was sie erwartet, sie müssen sich nicht erst eingewöhnen. Und oft ist der Zufall ein besserer Erfolgsgarant als das Lehrbuch! Mein Fazit hieraus ist jedenfalls: Wenn ich es mit dem Aussäen nicht hinbekomme, besorge ich mir eine Pflanze und überlasse ihr das selbst.

Große Kapuzinerkresse (Tropaeolum majus)

(Foto s. S. 232)

Kapuzinerkresse gehört zu meinen Lieblingspflanzen. Es gibt viele Gründe dafür: Sie wächst in der Sonne und im Schatten. Sie gedeiht auf dem Balkon und im Garten. Alles an der Pflanze ist essbar – Samen und Knospen sind eingelegt als Kapernersatz lecker, die Blüten verschönern Salate und Kräuterbutter. Aus den Blättern macht man Pesto und sie gilt als natürliches Antibiotikum. Die Insekten lieben sie. Hummeln wühlen sich in die Blüten richtig rein. Kapuzinerkresse verschönert auch ruckzuck unschöne Ecken im Garten, sie wächst einfach drüber. Durch meine Totholzhecke rankt sie munter hindurch. Es ist wichtig, die Pflanze gerade am Anfang gut zu beobachten.

Sobald die erste Laus am Blatt auftaucht, muss die weg. Wenn es schon viele schwarze Krabbeltiere gibt, sollte man gleich das ganze Blatt entfernen. Ich säe sie direkt an Ort und Stelle, ziehe aber auch ab Mitte März Pflanzen vor. Die vorgezogenen blühen dann schon etwas früher und die direkt ausgesäten ziehen etwas später nach.

Mohn (Papaver)

Einjähriger Mohn hat einen kurzen, aber sehr nachhaltigen Auftritt im Garten. Er erinnert mich immer daran, mir Zeit zu nehmen und den Moment zu genießen. Er scheint zu sagen: »Schau mich an – jetzt ist der richtige Augenblick. Eben war ich noch zerknittert, jetzt bin ich glatt und in ein paar Minuten bin ich vielleicht schon nicht mehr da.« Ja – ich glaube, das möchte er mir sagen und mich innehalten lassen, mich dazu bringen, ihn einfach zu bewundern und in ihm zu versinken, wie es die Hummeln tun! Während der Mohnblüte mache ich den ersten Tag der Woche bei Instagram zum *#mohntag*, zum Feiertag für den Mohn. So zerknittert wie ich manchmal an Montagen, schaut er auch drein. Sobald die Kapseln der einjährigen Mohnsorten trocken sind, streue ich die Samen überall im Garten aus. Im Jahr darauf keimt er dann an den Stellen, die er besonders gut findet. Meist ist es dort karg und sonnig, wo er zu dicht kommt, zupfe ich mindestens die Hälfte einfach raus, dann werden die verbliebenen Pflanzen kräftiger. Wo er etwas spärlicher wächst, entferne ich die Konkurrenz, denn verpflanzt zu werden, mag er nicht wirklich gern.

Tipp

Aufgaben aufteilen

Es muss nicht jeder alles aussäen, zumeist hat man zu wenig Platz und in den Tütchen sind zu viele Samen. Also spricht man sich mit Freunden und Nachbarn einfach ab. Ich mach die Paprika und du die Tomaten, dann können wir später einfach tauschen. Das spart Platz, Geld, fördert das Gemeinschaftsgefühl und die Kommunikation.

Ringelblume (Calendula)

Ringelblumen sind im Gemüsebeet für mich so wertvoll, weil sie richtig effektiv Bestäuber in das Beet locken. Außerdem produzieren sie ständig Samen und sorgen so für ihre Nachkommen, ohne dass man etwas dafür tun müsste. Sie säen sich munter aus, und ihre leuchtenden Blüten machen gute Laune. Ich kann mir nicht vorstellen, dass man miesepetrig sein kann, wenn man nur lange genug auf eine Ringelblume schaut. Leider bekommen sie gegen Ende der Saison gerne Echten Mehltau. Die Sommer sind lang und trocken, der Pilz breitet sich aus. Etwas machen kann man dagegen nicht. Aber damit nicht die gesamte Ringelblumenpopulation auf einmal zusammenbricht, kann man im Juni eine zweite Generation anziehen, die sind dann noch frisch und gesund und kommen gut durch den Sommer, so dass sie bis in den Winter hinein blühen. Außerdem sollen sie Nematoden, also Fadenwürmer, aus dem Boden vertreiben, und so für einen gesunden Boden sorgen.

Sonnenblumen (Helianthus)

Sonnenblumen mag jeder. Es sind kräftige, oft meterhohe Pflanzen. Sie scheinen robust zu sein und gut für sich selbst sorgen zu können. Das täuscht. Sie brauchen Fürsorge, viel Dünger – klar, wer stark wächst, braucht auch Futter – und sie müssen vor den Schnecken geschützt und für einen sicheren Stand gestützt werden. Als Vogel- und Seelenfutter finde ich die blühenden Sonnen im Garten unverzichtbar. Oft säen sie sich auch selbst aus oder sie kommen über das Vogelfutter in den Garten. Diese Selbstaussaaten sind mir aber zu spät dran, deshalb ziehe ich Sonnenblumen vor und setze sie erst in das Gemüsebeet, wenn sie etwa zehn Zentimeter hoch sind. Ihre Blüten sind sehr gute Magneten für Bestäuber im Spätsommer.

Schmuckkörbchen (Cosmea)

(Foto s. gegenüberliegende Seite)

Ein Sommer ohne die flatternden Blüten der Cosmeen ist für mich unvorstellbar. Zart schweben sie in unendlich vielen Farben und Zeichnungen über und durch die Beete, dazu das gefiederte Laub, dann noch etwas Gegenlicht und eine um sie herumschwirrende Hummel – fertig ist die perfekte Komposition. Im Herbst sammle ich die Samen der Cosmeen und säe diese im März in Töpfen aus. Die erste Knospe wird herausgezwickt, damit sich die Pflanzen verzweigen und buschig werden. Sie versamen sich aber auch von allein im Beet. Allerdings kommen diese Selbstaussaaten wesentlich später zur Blüte als meine vorgezogenen Pflanzen. So verlängere ich die Cosmeen-Blütezeit insgesamt enorm. Während die vorgezogenen gegen Mitte des Sommers immer weniger Knospen bilden, blühen die Selbstaussaaten bis zum Frost. Damit ich schon ganz früh Schmuckkörbchen in den Beeten habe, kaufe ich im Frühjahr zudem noch Jungpflanzen aus der Gärtnerei dazu.

Spinnenblume (Cleome)

Tagsüber hängen sie etwas schlapp und zerknautscht herum und machen nicht wirklich etwas her, in den Abend- und Morgenstunden jedoch erblühen sie in voller Schönheit. Sie gehören zu den Sommerblumen, die ich von Beginn an immer im Gemüsebeet zwischen den rotblättrigen Kohlarten hatte. Das satte Rosa zu den graublau überhauchten Blättern des Rotkohls ist eine echte Sensation. Und ich mag es einfach, dass sie die späten und frühen Insekten mit Nahrung versorgen.

So geht's

Cool Flowers

Besonders pflegeleicht sind Pflanzen, die für ihre Verbreitung über Samen selbst sorgen. Meist säen sie sich im Sommer oder Herbst selbst aus und erscheinen dann im kommenden Jahr. Viele benötigen den winterlichen Kältereiz, um keimen zu können.

Neudeutsch werden sie unter dem Begriff »Cool Flowers« zusammengefasst. Es ist eine Gruppe von Pflanzen, die dem naturnahen, entspannten Gartenmenschen sehr lieb ist. Diese coolen Schönheiten brauchen unsere Unterstützung nur in geringen Dosen. Am besten machen sie alles ganz von alleine und man lässt sie gewähren. Viele verbreiten sich allerdings nur dann, wenn sie auch wirklich einen Kältereiz bekommen. Erst wenn hohe Temperaturen auf niedrige folgen, bekommt der Embryo im Samen das Signal: Du kannst jetzt keimen, der Winter ist vorbei, der Frühling kommt. Sät man diese Pflanzen erst im späten Frühjahr aus, wenn keine deutlichen nächtlichen Temperaturabsenkungen mehr stattfinden, schlafen sie einfach weiter oder sie entwickeln sich schlechter. Niemand hat ihnen durch das vorherige Kältesignal angezeigt, dass der Winter vorbei ist. Für sie ist es, wenn sie den Winter über in der gemütlichen Samentüte verbracht haben, ununterbrochen warm gewesen, also noch immer Spätsommer oder Herbst, und wer treibt da schon aus. Mit ein paar Tagen im Kühlschrank lassen sich die Samen allerdings überlisten.

Eine kleine Auswahl an Cool Flowers:

Klatschmohn
Goldmohn
Wilde Möhre
Strahlen-Breitsame
Feldrittersporn
Jungfer im Grünen
Sonnenhut
Löwenmäulchen

Vergissmeinnicht (Myosotis)

Vergissmeinnicht gehört auch zu den Nomaden, den Pflanzen, die durch den Garten wandern und am liebsten nur dort wachsen, wo sie gerne wachsen möchten. Sie lassen sich bei mir schlecht verpflanzen. Fast immer lasse ich sie an dem Platz wachsen, den sie sich ausgesucht haben. Am besten gelingt das Verpflanzen bei feuchter, milder Witterung im Februar oder März. Das ist der Zeitpunkt, an dem ich sie zusammensuche und an den Rand des Weges als Einfassung zwischen den Blutampfer setze. Im Gemüsebeet kann ich ihnen nämlich das Feld nicht ganz überlassen, brauche ich den Platz doch für frühe Salate, Erbsen und Zwiebeln.

Wilde Karde (Dipsacus fullonum)

Für mich ist sie die schönste, beste und attraktivste Wilde in meinem Garten. Ich kann mich an Karden gar nicht sattsehen. Den Tieren geht es mit ihrer Kardenliebe genauso wie mir. Vor ein paar Jahren habe ich Saatgut aus Südtirol mitgebracht und zwei Jahre später hatte ich die ersten blühenden Karden in meinem Schrebergarten. Ihre Blattachseln bilden durch ihren den Stängel umschließenden Wuchs ein natürliches Wasserreservoir, als Trinkbecher für Insekten und Vögel. Selbst im Winter sehen sie mit Raureif bedeckt gut aus und bieten Nahrung für Vögel und Unterschlupf für Insekten. Dann sind sie ein natürliches Insektenhotel.

Wilde Karden gehören zu den wichtigsten Pflanzen im Garten. Man kann Tiere wirklich pflanzen, denn mit den Karden kommen auch die Stieglitze in den Garten. Ich habe Karden an unterschiedlichen Stellen im Garten, denn sie versamen sich stark, lassen sich aber dort, wo man sie nicht möchte, gut entfernen. Im ersten Jahr bilden sie ihre Blattrosetten und im zweiten Jahr blühen sie dann, streuen ihre Samen aus, und der Kreislauf beginnt von vorne.

Wilde Möhre (Daucus)

Wilde Möhren bringen Leichtigkeit und das hundertprozentige Sommerfeeling in den Garten. Ihre weißen Dolden, ihre bizarren Samenstände und ihr karottiges Laub machen die Pflanze zu jeder Jahreszeit attraktiv. Sie ist nicht aufdringlich und damit eine gute Begleiterin in allen Gartenbereichen. Raupen, Wanzen, Wespen und viele Insekten mehr nutzen sie als wichtige Nahrungsquelle und Lebensraum. Sie ist eine der Pflanzen, mit denen man fast ohne Geld richtig viel Garten hinbekommt. Eine Wiese mit viel wilder Möhre, gesäumt von ein paar Sträuchern, sieht immer gut aus. Man braucht manchmal etwas Geduld, bis sie sich etabliert hat. Aber wenn sie erst einmal angekommen ist, dann sorgt sie selbstbewusst für sich selbst. Da, wo man sie nicht haben möchte, zieht man sie einfach raus. Sie wehrt sich kaum! Ich kombiniere sie mit Lilien, Zierlauch, Mohn und Beinwell. Nachdem ich sie seit ein paar Jahren im Garten habe, hat sich auch die schicke Streifenwanze (Graphosoma lineatum – Foto s. S. 223) eingefunden. Wanzen lieben Doldenblütler. Sie schaukeln auf den Blüten und saugen etwas am Pflanzensaft, ohne Schaden anzurichten. Das ist das Tolle im Garten: Wenn man ein guter Gastgeber ist, muss man sich nur überlegen, wen man gerne als Gast in seiner Nähe möchte, und dessen Leibspeise anbieten, dann kommt er von ganz allein und fühlt sich wohl.

So geht's

Aussaat – alles beginnt mit dem Saatgut

Ich verwende nahezu ausschließlich Reinsaaten, auch »samenfestes Saatgut« genannt. Dies bedeutet, dass im Gegensatz zu Hybriden, also Züchtungen, die oft mit der Bezeichnung F1 gekennzeichnet werden, auch die Nachkommen in allen Generationen die identischen Merkmale wie die Eltern haben. Das heißt, ich kann immer Samen ernten und diese im kommenden Jahr für meinen privaten Gebrauch wiederverwenden, und es kommt immer eine Pflanze mit den identischen Eigenschaften, die auch ihre Eltern hatten, dabei heraus. Häufig handelt es sich dabei um alte, robuste Sorten. Wobei »alt« nicht zwingend »robust« heißt, denn die Klimaverhältnisse und Umweltbedingungen ändern sich, und nur weil eine Sorte vor fünfzig Jahren gut funktioniert hat, muss sie das nicht automatisch auch heute tun. Aber mit den samenfesten Sorten muss ich natürlich nicht immer wieder das gleiche Saatgut kaufen, sondern kann selbst Saatgut nehmen und mich bei Neuanschaffungen dann auf Sorten konzentrieren, die wiederentdeckt wurden oder die ich einfach gerne mal ausprobieren würde.

Wann ist der richtige Zeitpunkt für die Aussaat?

Das ist die entscheidende Frage, die Frage, von deren Beantwortung Erfolg und Misserfolg maßgeblich abhängen. Viele Gartenmenschen beginnen mit der Aussaat recht früh. Verständlich: Man will am liebsten schon loslegen, kaum dass Weihnachten vorbei ist. Man müsste sich auf die Hände setzen, um es nicht zu tun. Oh, wie das in den Fingern kribbelt!

Da ich kein künstliches Licht verwende und auch noch kein Gewächshaus oder Frühbeet in meinem Garten habe, ergibt die Aussaat für mich vor Mitte März nicht wirklich Sinn – im Gegenteil. Ich warte sogar je nach Wetter bis April. Warum?

Erstens: *Das natürliche Licht reicht im Januar und Februar nicht aus. Gleichzeitig ist es zu warm im Zimmer. Warm und dunkel – eine ganz schlechte Kombination für Pflanzenbabys. Die Pflanzen geben alles, um genügend Licht zu bekommen. Sie recken und strecken sich, werden lang und dünn, immer länger und immer dünner und fallen schließlich um.* ***Zweitens:*** *Frostempfindliche Kulturen wie Tomaten, die oft erst nach den letzten Frösten im Mai rausdürfen, müssen viele Wochen in der Wohnung gepflegt werden. Sie stehen im Weg, werden hin und her geschoben, man ist irgendwann froh, wenn sie endlich draußen sind.* ***Drittens:*** *Ich kann besser zeitlich versetzt in Etappen aussäen. Sät man früh im Jahr, hat man immer viel zu viel auf einmal und weiß später im Beet oft nicht, wohin damit. Wenn ich im Zimmer später aussäe, kann die zweite Schicht – zum Beispiel vom Salat – schon direkt ins Beet.* ***Viertens:*** *Die Pflanzen bleiben unter schlechten Bedingungen einfach schwach. Schädlinge haben leichtes Spiel. Es ist wesentlich mehr Aufwand und mit viel mehr Hilfsmitteln verbunden, diese Patienten dann am Leben zu halten.*

Nutzpflanzen und Sommerblumen – meine Traumpaare

Apfelminze und Akelei
Amaranth und Dahlien
Gewürztagetes und Chili
Löwenmäulchen und Kohl
Mohn und Roter Grünkohl
Ringelblume und Borretsch
Schmuckkörbchen und Flower Sprouts
Skabiosen und Auberginen
Sonnenblume und Bohne ›Blauhilde‹
Spinnenblume und Palmkohl
Tulpen und Erdbeeren
Vergissmeinnicht und Blutampfer
Wicke und Erbse
Zinnie und Gewürzfenchel

Stauden

Wenig Arbeit machen, Trockenheit und Hitze vertragen, also »sommerfest« sein, und für Insekten einen Nutzen haben – diesen Anforderungen sollten Stauden schon gerecht werden. Für die Kundinnen und Kunden sollte beim Kauf sofort erkennbar sein, ob eine Staude trotz veränderter klimatischer Bedingungen weitestgehend allein zurechtkommt oder ob sie ein Energiefresser ist, den man sich eigentlich nicht leisten möchte (das wäre zumindest ideal – viele Gartencenter sind allerdings noch lange nicht so weit). Ich habe etliche Stauden ausprobiert. Meist mache ich es so, dass ich mehrere Pflanzen einer Sorte kaufe und sie dann an unterschiedlichen Stellen im Garten auspflanze. Zu derjenigen, die am besten gedeiht, dürfen die anderen dann im nächsten Herbst oder Frühjahr umziehen. Ich habe eine Auswahl an Stauden für unterschiedliche Standorte zusammengestellt, mit denen ich in meinem trockenen und sandigen Schrebergarten über die Jahre gute Erfahrungen gemacht habe. Diese können als Pflanzengemeinschaft in Beeten mit ähnlichen Bedingungen gut und gesund gedeihen! Je nach Standort können dann entsprechende Gemüsepflanzen und Sommerblumen dazugesellt werden.

Stauden für schwierige, schattige Beete

Schattenbeete mag ich deshalb so gern, weil sie etwas Verträumtes, Romantisches haben, weil sie kühl sind und weil sie grün sind! Es gibt unendlich viele wunderbare Schattenstauden. Viele Menschen denken, ein Schattengarten sei langweilig, da blühe nichts, und wissen nicht, was sie im Schatten pflanzen sollen. Dabei gibt es wirklich viele Möglichkeiten. Da ich nicht so oft gießen kann und möchte, müssen meine Schattenstauden mit Trockenheit gut zurechtkommen. Viele tun das schon von Natur aus, denn Schatten heißt oft, dass ein Baum in der Nähe ist, und das bedeutet Wurzeln und

Konkurrenz um Wasser. Unter meinen Schattenstauden sind viele, die so hart im Nehmen sind, dass ich sie wirklich dafür bewundere, wie sie es schaffen, dabei noch so gut auszusehen.

Hier eine Auswahl empfehlenswerter Schattenstauden für den naturnahen Garten:

Beinwell (Symphytum)

(Foto s. gegenüberliegende Seite)

Beinwell ist ein Alleskönner, eine wichtige Pflanze im naturnahen Garten. Sein Name setzt sich aus »Bein« für Knochen und »well« für »zuwallen«, also »heilen«, zusammen. Aber er macht nicht nur Knochen gesund, sondern den ganzen Garten! Er lockt die Hummeln an, wächst eigentlich überall – manchmal sogar zu übermütig –, mit seinem Kalium- und Stickstoffgehalt ist er als Jauche ein guter Gemüsedünger und bester Mulch für Tomaten und andere Starkzehrer. Ich habe gleich drei verschiedene Arten im Garten. Unter dem Pflaumenbaum zwischen den Lilien und dem Allium wächst der Echte Beinwell (Symphytum officinale), unter den Felsenbirnen hat sich der Blaublühende Beinwell (Symphytum azureum) ausgebreitet, und ein wuchsfreudiger Bodendecker unter der Kiefer ist der Kleine Kaukasus-Beinwell (Symphytum grandiflorum 'Hidcote Blue').

Tipp

Beinwelljauche als Dünger:

Ein Kilo Pflanzenteile mit zehn Litern Wasser übergießen. Mindestens zehn Tage stehen lassen, bis es nicht mehr schäumt. 1:10 mit Wasser verdünnen und wöchentlich gießen. Allem Fruchtgemüse tut dieser Bio-Dünger aus eigener Herstellung gut!

Balkan-Storchschnabel (Geranium macrorrhizum)

Balkan-Storchschnabel ist *die* Lösung für alle schwierigen Standorte. Er wächst wirklich überall, im dunklen tiefsten Schatten von Bäumen und selbst bei Trockenheit und höchstem Wurzeldruck. Wenn ich irgendwo eine Problemecke habe, von der ich einfach nur möchte, dass der Boden bald bedeckt ist, dann greife ich zum Balkan-Storchschnabel. Auf den Flächen, auf denen er wächst, kann ich auch meine vielen Kiefernzapfen gut kompostieren. Einfach locker verteilen und liegen lassen, er wächst immer wieder drüber.

Palmblättrige Nieswurz (Helleborus foetidus)

(Foto s. gegenüberliegende Seite)

»Die brauchst du unbedingt!« So lautet meine Antwort, wenn mich jemand fragt, was das für Pflanzen unter meinem Hartriegel sind. Die Palmblättrige Nieswurz, auch Stinkende Nieswurz oder Palmblättrige Christrose, muss man wirklich im Garten haben. Sie fängt im Herbst an zu blühen und ist oft im April noch nicht fertig. Es gibt kaum eine schönere Staude im winterlichen Garten, und für frühe Hummeln, die ja lange vor den Bienen auf Futtersuche gehen, ist sie eine wichtige frühe Futterpflanze. Wenn im Februar ein paar wärmende Sonnenstrahlen erscheinen, summt und brummt die ganze Pflanze.

Mir stinkt die Stinkende Nieswurz übrigens nicht. Wenn ich an ihren Blättern reibe, riecht es nur grün, und auch an ihren Blüten konnte ich bisher keinen unangenehmen Geruch feststellen. Ob ihre Wurzeln beim Reiben stinken – was auch oft behauptet wird –, vermag ich nicht zu sagen. Wer riecht schon an den Wurzeln von Pflanzen? Regenwürmer vielleicht?

Nesselkönig (Lamium orvala)

(Foto s. S. 102)

Man könnte ihn als König der Hummeln bezeichnen. Wie alle Lippenblütler ist er bei Bienen und Wildbienen sehr begehrt. Als König ist er auch standfest und kräftig und lässt sich mit seinen dicken vierkantigen Stielen nicht so leicht von einer dicken Hummel vom Thron stoßen. Er wächst in meinem Garten im tiefsten Schatten, im trockenen Wurzelbereich vom Bambus und sieht dennoch knackig grün aus. Seine Blüten haben beim genauen Hinschauen etwas Exotisches. Man muss aber wirklich genau hinschauen, denn er versteckt die Blüten gern unter seinem großen, weichen Laub. Wahrscheinlich ist das auch besser, sonst wäre er dem Hummel-Ansturm vielleicht doch nicht gewachsen!

Herzblättrige Schaumblüte (Tiarella cordifolia)

In den etwas waldigeren Bereichen, im Schatten von Sträuchern und der Totholzhecke, gedeiht die Tiarella sehr gut. Sie mag es etwas humoser und nicht ganz so trocken und bildet dann schnell einen dichten Bestand, der, wenn er im Frühjahr blüht, wirklich aussieht, als würden sich Schaumkronen im Wind bewegen. Die zartrosa Blütensterne sind für Insekten höchst attraktiv.

Brauner Storchschnabel (Geranium phaeum 'Samobor')

Der Braune Storchschnabel gehört zu den wunderbaren Stauden, die schön blühen und mit ihrem Laub überzeugen. Er kann beides, und das macht ihn für mich so wertvoll! Seine kleinen, orchideenartigen Blüten umgibt eine geheimnisvolle Aura, und wenn die Hummeln daran hummeln, dann schaukelt die ganze Pflanze, was Bewegung in den Schatten bringt.

Zottiges Silberglöckchen (Heuchera villosa var. macrorrhiza)

(Foto s. S. 103)

Frisches, helles Grün und silbrige Blütenglöckchen an hohen Rispen. Das Laub sieht fast schon nach Dschungel aus und bringt eine ganz milde Helligkeit in den schattigen Garten, gerade so, wie wenn irgendwo ein einziger Sonnenfleck im dunklen Wald erscheint. Ich dachte immer, dieses Grün bringen nur helles Moos und sich ausrollende Farnwedel hervor. Das Silberglöckchen ist genügsam und entspannt. Diese Staude schafft es, dass man jede Pflanzung, in der sie wächst, noch ein zweites Mal anschauen möchte. Man weiß, da ist etwas Besonderes, nur noch nicht genau, was es eigentlich ist!

Vielblütiges Salomonssiegel (Polygonatum multiflorum)

Diese heimische Waldpflanze macht Freude. Sie wächst im tiefsten Schatten und selbst im dichten Wurzelgeflecht alter Bäume. Im Mai erscheinen ihre weißen Glöckchen mit den grünen Spitzen und die Farbkombination aus Weiß und Grün ist genau das, was man zu dieser Jahreszeit sehen möchte. Anscheinend geht es den Hummeln genauso, denn alle sich öffnenden Glöckchen werden sofort besetzt. Die Staude verbreitet sich über Rhizome und bildet mit den Jahren schöne, dichte Bestände, die den Boden beschatten.

Stauden für halbschattige Beete

Akelei (Aquilegia)

In meinem Garten sucht sich die Akelei ihren Platz häufig selbst aus. Sehr selten sagen ihr meine Vorschläge zu. Sie gehört zu den Nomaden, den Wanderern im Garten. Aber ihr eigenes Zufallsprinzip korrespondiert erstaunlicherweise mit meinem Farbkonzept. Fast immer passt sie dort, wo sie blüht, auch wirklich hin. Mal schwarz, mal blassrosa! Und falls nicht, ändere ich das Konzept eben und bin sehr froh über die Anregungen, die ich nie bekommen hätte, wenn ich sie nicht hätte gewähren lassen, sei es eine rosa gerüschte Akelei, die sich aus einer Steinfuge zwängt, oder eine blau-weiße, die sich mir in den Weg stellt. Die zarten Wesen haben ihren eigenen Blütenkopf und ihr Einfallsreichtum scheint unbegrenzt. Manchmal frage ich mich, woher eine Akelei wusste, dass sie genau dort, wo sie gerade wächst, in genau dieser Farbe so gut hinpasst. Leider werden sie beim Mäandern durch den Garten auch ein bisschen übergriffig und versuchen, die Regentschaft über ein ganzes Beet zu übernehmen. Dann müssen sie entweder teilweise weichen oder sie bekommen einen richtig starken Partner wie Astern oder Minze an ihre Seite! Die Minze ist allerdings ein so wuchsfreudiger Partner, dass ich sie nicht ohne Wurzelsperre in den Garten setzen würde.

Knollen-Brandkraut (Phlomis tuberosa 'Amazone')

Das Knollen-Brandkraut mit seinem aufrechten Wuchs wird im Beet sofort gesehen. Vor allem von den Bienen, die Lippenblütler ja ohnehin ganz besonders mögen und das Knollen-Brandkraut eben auch. Eigentlich bevorzugt es die volle Sonne. Bei mir nimmt es aber mit einem halbschattigen Standort vorlieb. Auch wenn die rosafarbenen Blüten, die in Etagen angeordnet sind, schnell verblühen, bleibt diese Staude lange attraktiv. Ihre auffälligen Samenstände zieren die Staudenbeete den ganzen Winter hindurch.

Lenzrosen (Helleborus orientalis und diverse Hybriden)

Lenzrosen – auch Frühlings-Christrosen oder Orientalische Nieswurz genannt – sind schön und völlig unkompliziert. Sie sind die entspannten und vielfältig schillernden Schwestern der Christrosen (Helleborus niger), die eigentlich alle weiß blühen und im Garten recht zickig sein können. Christrosen blühen im Winter und Lenzrosen etwas später, im Lenz. Jahr für Jahr erliege ich ihrem Charme, und das mit großem Vergnügen. Bei der Auswahl von Lenzrosen für das Beet achte ich darauf, dass sie ihre Köpfchen nicht nur schüchtern nickend dem Boden zuwenden. Sonst müsste ich mich nämlich flach auf die Erde legen, um ihnen wirklich ins Gesicht schauen zu können. Die schüchternen setze ich in einen Topf, den ich erhöht aufstellen kann, auf den Tisch oder eine Mauer. Es sind wirklich märchenhafte Wesen. Zart und zerbrechlich wirken sie, und dennoch blühen sie im Winter bei Eis und Schnee. Bei starker Kälte ducken sie sich und stehen dann, sobald die Temperaturen über null Grad steigen, wieder auf. Da es so früh im Jahr noch nicht viele blühende Pflanzen gibt, sind sie eine wichtige Insektenweide. Unzählige Farben und Blütenformen gibt es. Das ist beeindruckend, aber auch eine Herausforderung, denn man muss sich entscheiden. Das fällt schwer, und deshalb habe ich sie überall. Sie blühen sogar auf meinem Nordbalkon im Kübel. Sind sie verblüht, setze ich sie in den Garten. Ich bin ja immer dafür, lieber mehrere Pflanzen von einer Sorte zu nehmen als eine hiervon und eine andere davon. Gerade bei Stauden ist das sehr viel schöner. Bei Lenzrosen werde ich allerdings dann doch zum Sammler.

Pfingstrosen (Paeonia)

Also leicht machen es die Pfingstrosen ihren Liebhabern nicht. Ich finde sie schon etwas divenhaft. Eine rosafarbene mit dicht gefüllten Blüten, die mich stark an den Kopfschmuck von Liz Taylor in den 1960er-Jahren erinnert, residierte schon in meinem Schrebergarten, als ich ihn übernahm. An einem unmöglichen Ort, irgendwo mittendrin im Efeu. Zuerst wollte ich sie versetzen, dann fiel mir ein, dass Pfingstrosen das ja überhaupt nicht mögen. Okay, also habe ich ihr nur etwas Luft verschafft, ordentlich organischen Dünger gegeben und sie in Ruhe gelassen. Sie goutierte, dass ich mich um sie gekümmert habe, legte sofort los und bildete noch im selben Jahr mindestens zwanzig Knospenstiele. Immer wenn ich an ihr vorbeikam, schien sie zu sagen: Schau mal, dich erwartet etwas Grandioses, meine Blütenpracht wird dich umhauen! Das hat sie dann auch. Allerdings recht kurzzeitig, bis zum ersten Regen, da hat es dann ihre Blütenstängel umgehauen. Ich habe ihr im Jahr darauf gleich zu Beginn der Saison aus alten verzweigten, knorrigen Ästen ein Gerüst gebaut, in das kann sie dann schon gleich beim Austrieb hineinwachsen. So kippt sie gar nicht erst um. Allerdings muss dieses natürlich wirkende Gerüst jährlich erneuert werden. Komme ich mal nicht dazu, liegt die Schöne beim ersten Regen wieder auf dem Bo-

Tipp

Stauden stützen

Wenn man kippgefährdete Stauden wie Pfingstrosen gleich von Anfang an in ein Gerüst wachsen lässt, dann trotzen sie Wind und Wetter viel besser und sehen dennoch ganz natürlich und nicht zusammengebunden aus. Bei manchen Künsten des späten Zusammenbindens hat man fast den Eindruck, die Pflanzen ringen verzweifelt nach Luft. Ich stecke Bambus und Zweige von Hasel und Hartriegel schon im April in und um die Stauden und weise den emporwachsenden Austrieben regelmäßig den Weg, flechte sie quasi in das Geäst.

den. Meine Lehre daraus: So eine Diva im Garten ist nichts für mich. Es gibt aber auch unter den Pfingstrosen robustere Schönheiten mit großen, geöffneten Schalenblüten, in denen die Insekten nach Herzenslust herumwühlen können, zum Beispiel die sehr attraktive gelbe Kaukasus-Pfingstrose (Paeonia mlokosewitschii).

Schönaster (Kalimeris)

Die Schönaster ist, wenn es um unkomplizierte Bewohner für das Staudenbeet geht, ganz weit vorne. Zart, robust, üppig, zurückhaltend, insektenfreundlich – ein echter Kumpel. Ich habe einige Sorten, aber besonders schön finde ich Kalimeris incisa 'Madiva'. Sie ist mit ihrem etwas wiesenhaften Charme eine große Bereicherung im Sommergarten und sollte in keinem naturnahen Garten fehlen. Sie gibt jeder Pflanzung mit ihrer Wildstauden-Anmutung sofort einen natürlichen Charakter, so, als wäre sie nicht geplant worden, sondern ganz von alleine gewachsen. Und sie blüht unglaublich lange!

Sibirische Schwertlilie (Iris sibirica)

Sie wird auch Wiesenschwertlilie genannt, ist in Deutschland heimisch und damit in einem naturnahen Garten genau richtig. Auch benötigt sie weniger Wasser, als man zunächst vermuten würde. Sie ist nicht ganz so trockenheitstolerant wie die Bartiris, aber sie hält gut durch. Sie hat mit ihrem straff aufrechten Wuchs und ihren zarten Blüten etwas sehr Anmutiges. In meinem Garten wächst sie an vielen verschiedenen Standorten gut, außer im tiefen Schatten. Hummeln, Schwebfliegen und viele andere Insekten sind ihre Bestäuber, und wenn sie verblüht ist, sehen ihre Fruchtstände noch lange Zeit höchst attraktiv aus. Sie kann sich gut gegen sie stark bedrängende Nachbarn durchsetzen, wobei ihr ein etwas freierer und sonnigerer Standort schon lieber ist. Die Stauden neigen dazu, nach etwa drei bis vier Jahren von innen her zu verkahlen und kreisförmig nach außen zu wachsen. Wenn das der Fall ist, grabe ich sie im November mit der Grabegabel aus und teile sie.

Staudenclematis

Die Staudenclematis ist eigentlich keine Staude, es ist eher eine verholzende, schwach kletternde Clematis, die einfach nicht ganz so hoch wird und immer Stützen oder starke Nachbarn braucht, an die sie sich anlehnen kann. Ansonsten ist sie unkompliziert und sehr robust. Alle Arten und Sorten gedeihen in meinem sandigen Boden sehr gut. Ich habe sie am Zaun, im Beet, am Baum – egal wo, sie wachsen kräftig und gesund. Sie sind dennoch sehr zurückhaltend und bescheiden, fügen sich gut in dichte Pflanzungen ein, brauchen nur selten etwas Führung, respektieren ihre Nachbarn. Viele von ihnen haben dieses romantische Blau. Man erkennt ihre Schönheit manchmal erst auf den zweiten Blick. Sie berühren mein Herz und ich freue mich über jede Blüte und finde, sie werden viel zu selten gepflanzt. Ich schneide sie im Februar auf dreißig Zentimeter runter und dann treiben sie munter wieder aus.

Teppichwaldrebe Clematis x jouiniana 'Stanislaus'

(Foto s. folgende Doppelseite)

Für mich die Schönste und eine große Bereicherung ist die Teppichwaldrebe Clematis x jouiniana 'Stanislaus'. Sie veredelt mit ihren Hunderten von kleinen Blüten meinen Zaun, und das über Monate hinweg. Oft beginnt sie im Juli und ist im September noch immer eine Pracht, auch dann noch, wenn dann später ihre Samenstände erscheinen. Sie liebt, wie alle Clematisarten und -sorten, einen schattigen Fuß und lässt sich gerne von der Morgensonne wecken. Auch als Bodendecker kann man sie gut verwenden. Die Bienen lieben sie sehr und mir geht es genauso. Menschen, die in der Gartenanlage an meinem Zaun vorbeikommen, fragen mich oft nach ihr. Wenn man sie erst einmal entdeckt hat, dann kann man sich ihrem Zauber nicht mehr entziehen. Besonders schön sieht es aus, wenn man sie an einer Wand oder einem Zaun mit Efeu kombiniert, weil die Blüten dann vor dem dunkelgrünen Efeulaub ganz intensiv leuchten!

So geht's

Rückschnitt – Clematis

Früh blühende Clematis wie Clematis montana oder Clematis alpina schneide ich, wenn überhaupt, erst nach der Blüte. Wenn der Standort es zulässt, schneide ich sie gar nicht – ohne Scherenerfahrung werden sie schöner und können ihre Blütengirlanden viel märchenhafter entfalten.
Alle anderen – also vornehmlich die Staudenclematis und die Italienischen Waldreben (Clematis viticella) – schneidet man auf etwa dreißig Zentimeter runter. Tief, aber nicht zu tief, denn sollten die Pflanzen durch Spätfröste geschädigt werden, haben sie noch tiefer gelegene Knospen, aus denen sie austreiben können. Ich schneide die Clematis nach und nach ab Februar, also an frostfreien Tagen, vorsichtig, damit die Ranken nicht brechen, denn die lassen sich sehr gut in die Totholzhecke flechten. An Tagen mit hoher Luftfeuchtigkeit geht das ganz besonders gut.
Theoretisch gibt es bei der Unterscheidung der Schnittgruppen bei Clematis noch wesentlich mehr und auf bestimmte Arten genauer abgestimmte Schnittmethoden, mir ist das aber zu zeitintensiv und mit diesen zwei unterschiedlichen Schnittarten kommen wir – meine Clematis und ich – gut zurecht.

Weitere empfehlenswerte Staudenclematis sind:

Clematis x jouiniana 'Mrs. Robert Brydon'
Clematis heracleifolia 'Cote d'Azur'

Wasserdost (Eupatorium fistulosum)

Neben dem einheimischen Gewöhnlichen Wasserdost (Eupatorium cannabinum) schätze ich ganz besonders auch den 'Riesenschirm', eine Sorte mit spektakulär großen Blütentellern, die den Insekten auch eine entsprechend große Spielwiese bieten. Die Schnecken mögen ihn leider auch. Er treibt so spät aus, dass die Schneckenpopulation schon recht stark angewachsen ist und ihn wegsnackt, als hätten sie auf ihn gewartet. Ich habe nur an einer Stelle im Garten Glück mit ihm, versucht habe ich es mindestens an fünf. In meinem »romantischen Beet« wächst er als Partner einer Hechtrose. Das sieht richtig gut aus, farblich und bestäuberisch macht das was her! Vielleicht haben die Schnecken das auch bemerkt und halten dort einfach ehrfürchtig Abstand. Der wahre Grund wird sein, dass es dort einfach etwas trockener ist. Denn anders als sein Name es vermuten lässt, braucht er nicht am Teichufer oder in ständig feuchtem Boden zu stehen! Der Wasserdost ist zwar keine Wüstenpflanze, aber toleranter gegenüber Trockenheit, als man denkt.

Wiesen-Knöterich (Bistorta officinalis)

Der Wiesen-Knöterich ist sehr schön und sehr insektenfreundlich. Er scheint zu glauben, dass er sich deshalb schlecht benehmen darf, und bildet gern Ausläufer. Trockenheit verträgt er nicht gut und wandert hierhin und dorthin, auch mittenrein in die Nachbarn, da muss man schon ab und zu mit spitzem Gerät – am besten dem Jätfinger – eingreifen. Aber seine pudrig rosafarbenen Blütenkerzen, auf denen die Hummeln sich tummeln, sind wunderbar – dafür lohnt sich die Mühe.

Stauden für sonnige Beete

Astern

Ich gebe es zu: Astern waren nicht immer meine Lieblingsstauden. Ich brachte sie immer mit unkontrollierbarem Wuchs und mit Mehltau in Verbindung. Außerdem fand ich sie irgendwie bieder und langweilig. Das hat sich in der Zwischenzeit komplett geändert, denn es ist faszinierend, wie vielfältig Astern sind. Außerdem bringen sie mit ihren Komplementärfarben Gelb und Violett/Blau Farbkontraste ins Beet, die unser Auge sehr anregend findet. Ohne etwas Blau würde das Gelb nicht so leuchten. Für jeden Standort, für jeden Lebensraum gibt es die richtige Art und Sorte. Gerade die Wildastern sind unverzichtbar, wenn man es schaffen möchte, dass im Garten durchgeblüht wird und so für die Insekten und die Seele des Gartenmenschen genügend Nahrung vorhanden ist. Da gibt es die Zwerg-Wild-Aster (Aster sedifolius 'Nanus'). Sie mag es trocken, sonnig, steinig und mager – für die veränderten Klimaverhältnisse hierzulande ist sie ideal. Auch als herbstliche Bienenweide eignet sie sich. Die Schleieraster (Aster cordifolius 'Little Carlow') ist eine zurückhaltende, kleinblütige Aster für naturnahe Gärten. Sie ist etwas anlehnungsbedürftig und vollführt regelrecht einen Schleiertanz durch das Beet mit ihren unzähligen Blüten. Die Dritte im Bunde meiner Lieblingsastern in der Sonne ist die Glattblatt-Aster 'Blaue Nachhut'. Sie ist eine der spätesten Astern und damit eine wertvolle Bienenweide, wenn zum Ende des Jahres kaum mehr etwas blüht. Sie wächst hoch und aufrecht. Ihr Ausbreitungsdrang ist eher schwach, sie gehört zu den Astern, die im Beet ihren Nachbarn gegenüber rücksichtsvoll sind.

Bergknöterich (Aconogonon spesiosum 'Johanniswolke')

(Foto s. gegenüberliegende Seite oben)

Bääääm, da bin ich – wenn er im Beet steht, dann ist er nicht zu übersehen. Der Bergknöterich ist eine Monumental-Staude, die riesig ist, sich aber sehr gut verhält. Sie wird zwar zwei Meter hoch und ebenso breit, bleibt aber am ihr zugedachten Ort. Schwebfliegen und Fliegen sind ihre hauptsächlichen Besucher. Ich habe sie als Sichtschutz und als Leuchtpunkt in der Ferne im hinteren Bereich des Gartens. Eine absolute Empfehlung für nicht zu kleine Gärten. Ich setze den Bergknöterich so, dass sein Fuß immer etwas beschattet bleibt, dann trocknet das Erdreich an seinen Wurzeln nicht so schnell aus. Manche behaupten, er würde nach Schweinestall riechen und man solle den Bergknöterich deshalb nicht an den Sitzplatz pflanzen. Ich selbst konnte das allerdings noch nicht feststellen.

Kalifornische Aralie (Aralia californica)

(Foto s. gegenüberliegende Seite unten)

Jurassic Park im heimischen Garten. Zu klein sollte er für diese Staude allerdings nicht sein. Mit Leichtigkeit nimmt sie vier Quadratmeter ein und erreicht eine Höhe von 2,50 Metern. Es gibt ganz bestimmte Pflanzen – und dazu zählt auch meine heiß geliebte Mittelmeer-Wolfsmilch –, mit deren Pflanzung die Gartengestaltung im Grunde komplett ist. Dazu gehört auch diese Stauden-Aralie. Wespen aller Art und Wildbienen sind ihre häufigsten Besucher. Sie ist eine der Pflanzen, an denen immer so richtig etwas los ist! Starke Pflanzen brauchen starke Partner, deshalb hat die Kalifornische Aralie in meinem Garten den Bergknöterich an ihre Seite bekommen. Ein beeindruckender Auftritt, diese beiden können sich wunderbar behaupten und ihre Platzansprüche selbstbewusst untereinander aushandeln. Als Dritten im Bunde habe ich Lilium henryi, den Riesen-Türkenbund, dazugesellt. Er ist etwas unsicher im Stand, aber man kann ihn sehr gut an die kräftigen Triebe der beiden Stauden lehnen. Und er setzt orangefarbene Glanzlichter in ihre eher schlichten Blüten.

Färberhülse (Baptisia)

Die Färberhülse kommt mit Trockenheit klar und liebt sonnige Plätze, sie ist also »sommerfest«. Sie ist ein Liebling der Wildbienen, wuchert nicht, wird nicht von den Schnecken gefressen, sie hat einfach alles, was eine Staude heutzutage braucht. Ihr lilafarbener Austrieb ist bezaubernd, sie sieht im Frühling, wenn sie blüht, lupinenartig aus, und sie ist auch im Herbst und Winter mit ihren auffällig aufgeblasenen Samenständen eine echte Zierde. Sie wächst recht langsam und ist auch relativ teuer in der Anschaffung. Aber das spart sie durch ihre Genügsamkeit dann schnell wieder ein. Und: Es gibt sie sogar in Gelb!

Goldlack (Erysimum)

Ohne Goldlack geht es nicht – also schon, aber warum sollte man auf ihn verzichten? Es gibt ihn in verschiedenen Farben und er wächst gerne an sonnigen und halbschattigen Orten. In Fugen, an Mauern, im Staub, in jeder noch so winzigen Lücke. Oft wird er als kurzlebig und zweijährig beschrieben, in meinem Garten hält er aber durch. Er versamt sich gut und taucht dann überall auf – und das in immer neuen Farben. Er ist als Nachbar immer gut geeignet, außer bei Kohlgewächsen, also Kreuzblütlern, zu denen er auch gehört.

Tipp

Ausläufertreibende Stauden kombinieren

Es ist immer pflegeleichter, ausläufertreibende Stauden nebeneinanderzusetzen, weil diese ineinanderwachsen und mit den Ausläufern gegebenenfalls ausweichen oder gar flüchten können, zum Beispiel auch, wenn sie von Wühlmäusen zerwühlt werden. Horstig wachsende Stauden werden hingegen gerne überwuchert oder so angefressen, dass sie nicht mehr weiterwachsen können. Auf die muss man viel mehr aufpassen.

Kaukasus-Pfingstrose (Paeonia mlokosewitschii)

Die Kaukasus-Pfingstrose ist eine sehr aparte Staude. Grau-rot-grünes, mattes Laub, handtellergroße offene, ungefüllte buttergelbe Schalenblüten. Es macht große Freude, den Hummeln in den Blüten zuzuschauen, die aussehen, als würden sie wohlig in daunenweichen Kissen wühlen! Außerdem ist diese Pfingstrose im Gegensatz zu vielen ihrer stark gefüllten Kolleginnen standfest und kippt nicht ständig um!

Monarde (Monarda didyma)

Monarden sind auch als Goldmelisse oder Indianernesseln bekannt. Man kann diese Pflanzen durchaus als »gartenganzheitlich« – so es diesen Begriff denn gäbe – bezeichnen. Sie duften, aus ihren Blättern kann man Tee machen, die Blüten schmecken im Salat und im Dessert, sie wachsen munter und manchmal etwas übertrieben drauflos, am liebsten am sonnigen und trockenen Standort, die Hummeln besuchen sie gern und die Fruchtstände werden als hübsches und sicheres Winterhotel von vielen Insekten bewohnt. Diese Pflanzen haben wirklich alles, was man sich von einer Staude nur wünschen kann. Zwar bekommen viele nach der Blüte oft Echten Mehltau, aber dann schneidet man sie einfach zurück und gibt ihren Nachbarn wieder Raum. In meinem Garten habe ich festgestellt, dass die Monarde und die Großblütige Katzenminze (Nepeta grandiflora 'Dawn to Dusk') eine wunderbare sommerliche Kombination im Beet sind. Sie schlingen sich ineinander, ja umarmen sich und bilden so einen sommerlichen Strauß im Garten. Gerade bei der Monarde ist es ja so, dass man nie genau weiß, zu wem sie sich im nächsten Jahr gesellen wird. Sie wandert gern durchs Beet.

Mittelmeer-Wolfsmilch (Euphorbia characias ssp. wulfenii)

(Foto s. gegenüberliegende Seite)

Sie veredelt jeden Garten zu jeder Jahreszeit! Die Mittelmeer- oder Palisaden-Wolfsmilch ist eine sich im Wind wiegende Riesin im Staudenbeet. Blaugrün ziert sie den winterlichen Garten, im Frühling schwebt sie limonengrün über den Tulpen, um dann im Frühsommer den Garten in einen gelbgrünen Schleier zu tauchen. Sie ist zu der »Signaturpflanze« in meinem Garten geworden und sie beeindruckt nicht nur mich – alle, die sie sehen, geraten ins Staunen. Menschen, die sie irgendwo anders sehen und die meinen Garten von Fotos her kennen, müssen sofort an mich denken. Man kann diese Pflanze durchaus als Klimagewinnerin bezeichnen. Sie wächst gern in der Sonne und kommt mit Trockenheit problemlos klar. Eine gute Dränage ist wichtig. Staunässe verträgt sie überhaupt nicht. Sie versamt sich gut und ich lasse immer ein paar Sämlinge an unterschiedlichen Standorten stehen, damit ich eine Back-up-Pflanze habe, wenn doch mal ein frostiger, feuchter Winter kommen sollte und die alten Pflanzen das nicht überleben. Während der Blütezeit wird die Mittelmeer-Wolfsmilch vor allem von Schwebfliegen, Fliegen und Wespen besucht.

Sonnenhut (Rudbeckia)

Bis vor ein paar Jahren mochte ich die Farbe Gelb im Garten nicht wirklich. Dann kamen zwei Dinge zusammen, die das ändern sollten: Gelb wurde zur Trendfarbe in der Mode und bei Inneneinrichtungen, und ich begegnete meinem Schrebergarten. Schnell stellte ich fest, dass viele der gelb blühenden Pflanzen zu den robusten Pflanzen gehören. Sie kommen oft mit Hitze, weniger Wasser und sandigen Böden klar, ohne sich zu beschweren. Damit machen sie den Gartenmenschen das Leben leicht. Der Oktober-Sonnenhut (Rudbeckia triloba) zum Beispiel ist so ein gelber Schatz.

Riesenschleierkraut oder herzblättriger Meerkohl (Crambe cordifolia)

(Foto s. gegenüberliegende Seite)

Eine Staude wie ein Monument. Sie hat den Charme einer Natur-Riesin. Das rhabarberblattgroße Laub treibt lilafarben aus. Im Juni steigen dann 1,60 Meter hohe weiße Blütenwolken über der Pflanze auf. Sie braucht viel Platz und sollte nicht verpflanzt werden. Wie Rüben bohren sich ihre Wurzeln in die Tiefe und überstehen deshalb auch regenlose Zeiten gut. Wenn sie blüht, zieht sie unzählige Insekten an. Man könnte meinen, der Rest des Gartens sei dann leer, weil der Place to be dann das Riesenschleierkraut ist.

Deams Sonnenhut (Rudbeckia fulgida var. deamii)

Sehr gut in sandigen, trockenen Böden gedeiht Deams Sonnenhut. Trockene, heiße Sommer lassen ihn kalt, er hat behaartes Laub und ist damit relativ »sommerfest«. Zwar schlappt er in der Mittagshitze, richtet sich aber zum Abend hin wieder auf. Er treibt nur kurze Ausläufer und ist so recht standorttreu. Seine Samenstände sind eine gute Futterquelle im Winter und sie sehen mit Schneehäubchen bemützt wirklich hübsch aus. Ich habe zwar auch die wesentlich bekanntere Sorte ‘Goldsturm’, aber die benötigt wesentlich mehr Wasser und jammert bei Hitze, und das stresst mich. Ich liebe Pflanzen, die mich mit all ihrer Schönheit begrüßen, auch wenn ich mal keine Zeit habe, mich um sie zu kümmern. Viele der Goldschätze jedenfalls machen mir kein schlechtes Gewissen, sondern freuen sich, dass ich einfach vorbeischaue. Die Insekten lieben sie und sie bringen Präriepflanzungen zum Strahlen. Also: Gelb im Garten kann ich gerade auch jetzt bei den aktuellen klimatischen Verhältnissen gar nicht genug loben.

Dreilappiger Sonnenhut (Rudbeckia triloba)

Manchmal wird dieser Sonnenschein im Garten auch als Oktober-Sonnenhut bezeichnet, wobei er bei mir oft schon im Juli, spätestens im August anfängt zu leuchten. Er wandert durch den Garten, man muss sich also frühzeitig anschauen, wie seine Jungpflanzen aussehen, damit sie nicht dem Rupf-Impuls zum Opfer fallen. Die Elternpflanzen schaffen es oft kaum ein zweites Jahr, sorgen aber durch reichliche Aussaat für genügend Nachkommen. Für die Vase sind sie völlig ungeeignet, sie schlappen schon, wenn sie die Schere nur sehen. Aber was sollen sie auch in der Vase, sind sie doch im winterlichen Beet bis ins Frühjahr hinein richtig attraktiv. In meinem Garten werden sie besonders häufig von den Schmetterlingen umschwärmt, die den Sonnenhut schätzen und ihn im Sommer regelrecht ausrüsseln.

Staudenwicke (Lathyrus latifolius 'White Pearl')

Wicken sind mir eine große Freude. Nur dass ich sie immer aussäen muss, ist mir manchmal lästig. Wie gut, dass es auch Staudenwicken gibt, die jedes Jahr wiederkommen, allerdings leider nicht duften. Sehr schön sind sie dennoch. Und es ist einfach ein bezaubernder Anblick, wenn sich die dicken Holzbienen in ihre Blüten zwängen. Die weiße Staudenwicke wächst nicht allzu stark und hält sich von selbst fest. Als unaufdringliche Begleiterin von Clematis passt sie an freistehenden Rankgerüsten auch gut ins Staudenbeet.

Großer Schuppenkopf (Cephalaria gigantea)

So könnte natürlich auch ein Haarshampoo heißen, aber nein, es ist eine Pflanze, die Bienen immer in ihren Garten setzen würden. Elegant streckt sie ihre vanillegelben Blüten in die Höhe und bietet sich den Hummeln an. Sie samt sich munter aus und taucht überall im Garten auf. Wo sie Fuß fasst, ist sie eine Bereicherung und lässt ihre 1,80 Meter hohen Blütenstiele elegant über den Beeten schweben.

Türkischer Mohn (Papaver orientale)

Der Türkische oder Orientalische Mohn hieß mich als einer der ersten Pflanzen knallig willkommen. Leuchtend orange stand er schon, kurz nachdem ich den Garten übernommen hatte, plötzlich und unübersehbar im Beet. Welch eine Freude. Einen Mohn wollte ich schon immer haben und dann bekam ich ihn einfach so als Geschenk zu meinem Garten dazu.

Der Mohn bekam von mir eine Silberraute (Artemisia ludoviciana var. albula 'Silver Queen') als Partnerin. Sie mildert mit ihrem silbrigen Laub die Farbexplosion des Mohns etwas und schafft eine schöne Verbindung zu den Nachbarstauden. Wenn sich der Mohn nach der Blüte zurückzieht, füllt sie die Lücke und passt zu allen Farben, die danach blühen. Sie mag es sonnig, sandig und mager. Sie vagabundiert eifrig durch das Beet, wird aber nicht lästig, da sie sehr zart ist und sich gut entfernen lässt. Die Silberraute war wichtig, weil ich den Mohn eigentlich lieber an einer anderen Stelle im Garten gehabt hätte. Aber umpflanzen ging nicht wirklich gut. Von seinem neuen Platz verschwand er schon im zweiten Jahr. Ich bin sehr froh, dass er sich behauptet hat, an seinem alten Platz wiederkam und ich ihn jetzt noch habe. Egal wo, denn als Hummel-Tummelplatz ist er einfach kaum zu toppen! Und: So ist eine bezaubernde Pflanzenkombination entstanden, die mir und dem Garten richtig gut gefällt.

Tipp

Staudenmohn lieber nicht verpflanzen

Der Staudenmohn hat sehr lange Wurzeln, die man beim Ausbuddeln kaum in Gänze erwischt. An der Stelle, an der er ursprünglich war, wird er höchstwahrscheinlich immer wieder kommen! Also ist es besser, ihn da, wo er ist, ins Beet zu integrieren.

So geht's

Rückschnitt – Stauden

Wann ist eigentlich der beste Zeitpunkt, um Stauden zu schneiden? Einer der großen Streitpunkte unter Gartenmenschen überhaupt. Auf Anhieb würde ich sagen: Ganz einfach dann, wenn ich Zeit habe und das Wetter passt. Aber ein paar Regeln beachte ich dann doch:

Erstens: *Im Herbst schneide ich so gut wie gar nicht. Außer Stauden, deren Laub eher matschig wird, als dass es eintrocknet, und die Pflanze dadurch krank macht, wie es bei Taglilien und Pfingstrosen oft der Fall ist. Viele Stauden aber sind für Tiere sowohl Nahrungsquelle als auch Versteckmöglichkeit. Und: Schneebedeckt sehen die Samenstände im Winter ganz besonders apart aus, wie kleine Skulpturen. Kostenloser Winterschutz für Pflanzen und den Boden sind die vergehenden Staudenreste obendrein.*

Zweitens: *Kranke Stängel, die oft vom echten Mehltau befallen wurden – was häufig bei Astern oder Monarden der Fall ist –, schneide ich ab, sobald sie verblüht sind. Das Schnittgut kommt in den Hausmüll.*

Drittens: *Im Februar, sobald es schnee- und frostfrei ist, beginne ich behutsam mit dem Rückschnitt, weil zum Beispiel frühe Gräser dann schon austreiben.*

Viertens: *Ich schneide in Etappen und nicht alles auf einmal. Manches sieht nämlich noch gut aus, während anderes schon völlig zerbröselt. Die frühjahrsmüden Tierchen stehen dann auch nicht sofort schutzlos im Freien, sondern können zu einer noch unbeschnittenen Staude weiterziehen. In der Natur ist auch nicht plötzlich alles zur selben Zeit kahl.*

Fünftens: *Den Rückschnitt lasse ich noch ein paar Tage in den Beeten liegen, das schützt die Stauden und den Boden noch etwas und der eine oder andere Winterschläfer kann auch noch ganz in Ruhe flüchten.*

Ich finde es schön, wenn im Beet der Winter geht und gleichzeitig das Frühjahr beginnt. Das ist ein Prozess. Ich möchte diesen sanften Übergang sehen und erleben.

Stauden fürs Sandbeet

Ein Sandkasten wird zum Staudengarten. Ich wehre mich gegen blinden Aktionismus nach dem Motto: Das muss jetzt erst mal weg. Lass uns das alles roden, dann sehen wir weiter. Warum nicht das nehmen, was da ist, und erst mal überlegen, was man Sinnvolles daraus machen kann? Nachhaltiger ist das in jedem Fall. Ein gutes Beispiel für sinnvolles »Umfunktionieren« ist der Sandkasten in meinem Garten. Ich habe keine Kinder, was also sollte ich mit der riesengroßen Sandgrube, die meine Vorpächter in den Garten gesetzt hatten, anfangen? Aber so ist es ja oft, dass der Garten mit den Jahren eine neue Nutzung bekommt, dass er sich mit den Gartenmenschen verändert. Angelegt war die Sandfläche großartig, eingerahmt von Natursteinen, auf der Rückseite der Laube, harmonisch in den Garten integriert. Mein erster Gedanke war, eine Terrasse aus Holz hineinzusetzen, dann liebäugelte ich mit einem Gewächshaus an der Stelle. Aber um beides richtig nutzen zu können, wäre ein Durchbruch auf der Rückseite der Laube in den Garten notwendig gewesen. Einen Eingang gibt es nur auf der Vorderseite. Also passierte erst mal gar nichts. Die Grube diente den Nachbarkatzen als Klo und das war es dann auch schon. Mit der Zeit bemerkte ich, dass sich in dem ungenutzten Sand Pflanzen ansiedelten. Zum Beispiel säte sich die Mittelmeer-Wolfsmilch dort aus, die Prachtkerze und die Stockrosen machten es ihr nach. Sie hatten freiwillig diesen heißen Platz gewählt, liebten die Trockenheit und mussten im Sommer kaum gegossen werden. Was der Garten mir zeigte, war ganz einfach: Die Sandgrube wird zum Sandbeet. Dass ich darauf nicht selbst gekommen war! Ob auch die Wildbienen mit dem Sand etwas anfangen konnten, war zu dem Zeitpunkt noch fraglich. Der Spielsand ist eigentlich nicht die Art Sand, die sie zum Nestbau bevorzugen, er ist zu bröselig. Aber wenn sich Pflanzen von alleine ansiedeln, werden die Insekten schon kommen, dachte ich, und ich kann natürlich auch Pflanzen ergänzen, die exakt dieselben Ansprüche haben. Ich setzte weitere Pflanzen dazu, nur mit dem Wurzelballen, den sie hatten, direkt in den Sand.

Dabei machte ich auch reichlich Fehler. Der größte war es, dem spröden Charme des Strandroggens (Leymus arenarius) zu erliegen. Ich stellte mir das Sandbeet als Dünenlandschaft im Miniformat vor. Dünengras, ein Strandkorb, Füße im Sand, und als ich den Strandroggen durch Zufall in einem Laden entdeckte, erschien er mir für mein Vorhaben wie gemacht. Ungeduldig, wie ich war, erstand ich gleich drei riesige Töpfe. Ein fataler Fehler, wie sich herausstellen sollte. Der Strandroggen fühlte sich an dem sandigen Standort so wohl, dass er innerhalb eines Jahres das gesamte Sandbeet krakenartig mit seinen Ausläufern durchwurzelte. Giersch, Schachtelhalm oder Quecke sind Schnecken dagegen. Noch nie habe ich so ein Wuchstempo bei einer Pflanze live erlebt – außer vielleicht beim Hopfen. Überall kamen die Halme hoch. Natürlich sah das in dem Sand gut aus und die Dünenlandschaft war auch attraktiv – jedenfalls so lange, wie man noch an sie rankam. Seine Aufgabe ist es, Dünen zu befestigen, und das macht er auch richtig gut! Für den Garten ist er völlig ungeeignet. Wenn Giersch ein Rowdy ist, ist Strandroggen ein Berserker! Also habe ich die drei Ungetüme wieder ausgebuddelt und in einen Trog gesetzt, aus dem sie nicht ausbrechen können. Den Ausläufern, die sie bereits getrieben hatten, buddle ich noch heute hinterher. Man bräuchte für diese Pflanze eigentlich einen Waffenschein, zumindest den Kleinen!

Bei anderen Pflanzen war es eher das Gegenteil. Unter denen, die ich im puren Sand ausprobiert habe, die aber eher schwach bis mäßig vor sich hin mickern, sind zum Beispiel Lavendel und Thymian und die Südafrikanische Distel (Berkheya). Diese Distel war wirklich eine Schönheit, leider hat sie sich nach einem Jahr komplett wieder verabschiedet.

Pflanzen, mit denen ich im Sandbeet gute Erfahrungen gemacht habe:

Blauraute (Perovskia atriplicifolia 'Blue Spire')

Die Blauraute ist eine verholzende Staude oder ein Halbstrauch, der nichts braucht außer Sonne. Ich sah ihn schon üppig und kaskadenartig überhängend auf trockenen Mittelstreifen von achtspurigen Straßen und war zutiefst beeindruckt. Wie kann man so zart und silberblau schimmern und dabei so hart im Nehmen sein? Auch in meinem Sandbeet wächst sie im puren Sand. Ich schneide sie handbreit im April runter, wenn ich sehe, dass sie gerade austreiben möchte. Im Juli beginnt sie dann zu blühen und macht dies bis zum Frost. Wenn ich im Garten drehe und das Team eine Hummel oder Biene für eine Aufnahme braucht, dann gehen wir zur Blauraute, denn da ist der Hummelflug garantiert. Ich habe die Perovskien um meinen Sitzplatz im Sandbeet gesetzt, weil es einfach zu schön ist, den hummeligen Schaukelwettbewerben zuzuschauen.

Bart-Iris (Iris-Barbata-Hybriden)

Ihre Blüten sind umwerfend schön und die Genügsamkeit der Bart-Iris ist schon bewundernswert. Ich kann es gut verstehen, dass man sie sammeln möchte, denn bei der Pracht und Auswahl eine Entscheidung zu treffen, ist eigentlich unmöglich! Ich plädiere ja immer für weniger Sorten und dafür für mehr Pflanzen von einer Sorte. Die Iris ist wieder so eine Pflanze, bei der ich das leider nicht einhalte. Ich kann auch keinen Iris-Katalog durchblättern, das wäre mein Ruin, es gibt nicht eine, die ich nicht schön finde! Und wenn man dann den nächsten Katalog aufschlägt, sind da fünfzig ganz andere atemberaubende Sorten drin. Mit ihren kräftigen Stielen ist die Iris bei Hummeln als Landeplatz begehrt, besonders bei den ganz dicken! Die Holzbienen wühlen sich unter lautem Getöse in die Blüten. Die Iris braucht Partner in ihrer Nähe, die sie nicht bedrängen, aber nach der Iris-Blüte übernehmen, denn wenn sie verblüht sind, machen sie nicht mehr viel her. Die Blauraute kann solch eine Partnerin sein, denn die Bart-Iris will nach der Blüte nur noch Pause machen, bis zum nächsten Jahr.

Diamant-Reitgras (Calamagrostis brachytricha)

(Foto s. gegenüberliegende Seite)

Selten habe ich über eine Pflanze so unterschiedliche Angaben, was ihre Bedürfnisse betrifft, gelesen wie bei diesem Gras. Mal heißt es, es möge es eher feuchter, dann liest man, trockener wäre gut. Der eine sagt, im Halbschatten wächst es besser, an anderer Stelle hört man, es brauche unbedingt volle Sonne. Nun gut: Das Diamant-Reitgras ist für mich ein Beispiel dafür, dass man einfach auch mal etwas ausprobieren sollte, egal, was die anderen sagen. Es ist eines der schönsten Gräser im Garten und wächst bei mir im puren Sand in voller Sonne. Und an anderer Stelle im Halbschatten. Da wird es dann etwas ausladender und blüht später. Fazit: Beide Standorte passen!

Prachtkerze (Oenothera lindheimeri, Syn.: Gaura lindheimeri)

(Foto s. S. 130 Mitte/rechts)

Als diese zierlichen Geschöpfe in den Pflanzenhandel kamen, war ich total begeistert, aber nicht sehr lange, denn bei mir waren sie nie von Dauer. Eine Saison, dann war es auch schon vorbei. Das hat sich mit der Veränderung des Klimas gewandelt. Nun muss ich sagen: So zart und so robust, wie die Prachtkerze nun ist, gehört sie zu den Pflanzen, die ich als »sommerfest« bezeichne. Sie wächst bei mir im trockenen Sand in voller Sonne. Sie sät sich von alleine aus und sie sucht sich ihren Platz auf diese Weise gern selbst aus. Die Sämlinge sind unscheinbar. Also auch hier gilt, bitte bis zur eindeutigen Identifizierung stehen lassen! Pflanzen würde ich sie im Frühjahr, da sie Staunässe und kalte Feuchtigkeit gar nicht mag und sie dann, bevor der kalte Winter kommt, gut einwurzeln kann.

Präarie-Aster (Aster turbinellus)

(Foto s. S. 134)

Meine Asternliebe habe ich ja schon erwähnt, aber hätte ich sie nicht schon gehabt, würde diese Aster sie auf jeden Fall entfachen. Die Prärie-Aster wächst in der prallen Sonne, mitten im Sandbeet, steht selbst noch mit 1,60 Meter hohen Blütenstielen aufrecht und lässt den Mehltau einfach abblitzen. Eine unglaubliche Aster, die einem das Gärtnern wirklich einfach macht!

Spanisches Gänseblümchen (Erigeron karvinskianus)

Auch so ein Klimagewinner. Braucht nichts, will nichts, außer unbedrängt und selbstbestimmt zu wachsen. Das Beet, in das ich sie gesetzt hatte, fanden sie nicht gut, zu voll, nicht sonnig und karg genug, so gar nicht nach ihren Vorstellungen. Also haben sie es einfach verlassen. Und sich ausgesät, eigentlich eher aus ihrem alten Beet rausgesät, an einen Platz, der ihnen offensichtlich viel mehr zusagt. Für mich ist die Wahl nicht nachvollziehbar. Jetzt sitzen sie am Rande des Sandbeetes in Mauerritzen, in trockenen Fugen, an den unmöglichsten Stellen und zeigen sich in schönster Blüte. Manchmal frage ich mich, ob sie dort auch so begeistert wachsen würden, wenn ich ihnen diesen ungastlichen Platz zugewiesen hätte.

Zartes Federgras (Stipa tenuissima)

Wenn es um das einfache Gärtnern geht, dann muss dieses Gras genannt werden. Es braucht kein Wasser, nur Sonne, wächst in den engsten Fugen und breitet sich munter aus. Das kann zum Problem werden, allerdings lässt es sich auch ganz leicht dort entfernen, wo es unerwünscht ist. Als sanft im Wind wehender Begleiter von trockenheitliebenden Stauden ist es jedenfalls nicht zu überbieten. Achtung: Es verträgt absolut keine Staunässe.

So geht's

Wild und edel – meine Traumpaare:

Acker-Glockenblume und Weiße Kronen-Lichtnelke (Foto s. S. 137)

Die Acker-Glockenblume (Campanula rapunculoides) ist ein zartes blaulilafarbenes Wesen mit einem starken Wuchswillen. Der Standort scheint ihr irgendwie egal zu sein. Bei mir wächst sie überall, im tiefsten Schatten und im Sandbeet. Sie wächst allerdings nur dort, wo sie will, meine Umsiedlungsversuche sind weitestgehend gescheitert. Aber sie akzeptiert es, wenn man ihr andere Pflanzen dazugesellt. Die Weiße Kronen-Lichtnelke (Lychnis coronaria 'Alba') ist am sonnigen Standort eine gute Partnerin.

Nachtkerze und Mittelmeer-Wolfsmilch

Wenn diese beiden zusammenstehen, ist es sehr lange erfrischend gelb im Garten. Über Monate hinweg versorgt die Wolfsmilch (Euphorbia characias ssp. wulfenii) die Schwebfliegen, und wenn dann irgendwann die Nachtkerzen (Oenothera biennis) aufblühen, nähren sie die Nachtfalter.

Wilde Möhre und Lilie

Die Wilde Möhre (Daucus carota ssp. carota) mit ihrem fiedrigen Laub und ihren zarten Dolden ist eine dezente Begleiterin für die Lilie 'Red Velvet'. Die Lilie hat ein sattes Feuerrot, das durch die Zartheit der Möhre noch stärker leuchtet. Beide Pflanzen haben die gleichen Ansprüche. Sie wachsen in der Sonne und sogar im Halbschatten unter meinem Zwetschgenbaum zwischen den ganz normalen Wiesengräsern.

Wilde Karde und Roter Grünkohl

Beide passen eigentlich auch gut zu anderen Partnern, aber es sind Lieblinge der Insekten, die sich gut abwechseln. Wenn der Kohl (Brassica oleracea) fast verblüht ist, übernehmen die Wilden Karden (Dipsacus fullonum). Ich mag das Lila des Kohls zu dem bizarren Wuchs der Karden sehr gern, aber jeder andere Blattkohl, den man blühen lässt, erfüllt denselben Zweck.

Echtes Herzgespann und Große Kapuzinerkresse

Echtes Herzgespann (Leonurus cardiaca) und die Große Kapuzinerkresse (Tropaeolum majus) im Duett bringen Bienen und Hummeln so richtig in Fahrt. Sie werden ganz hummelig und wissen gar nicht, wo sie zuerst hinfliegen sollen. Das Herzgespann hält nicht so lange mit dem Blühen durch, aber die Kapuzinerkresse blüht bis zum Frost! Die gesamte Saison über wirklich ausdauernd ist bei mir nur die Große Kapuzinerkresse. Alle anderen vergehen schon nach ein paar Wochen.

Echtes Johanniskraut und Kartäusernelke *(Foto s. S. 140)*

Das goldene Gelb vom Echten Johanniskraut (Hypericum perforatum) und das knallige Magenta der Kartäusernelke (Dianthus carthusianorum) sind eine Farbexplosion in trockenen, sehr sonnigen Gartenecken. Beide brauchen nichts, lassen einfach nur die Farben knallen. Nachbarn, die sie bedrängen, sind der Kartäusernelke allerdings sehr unangenehm. Dann kann es schon mal passieren, dass sie einfach verschwindet.

Tipp

Wildkräuter in Kästen und Kübeln

Ein mit Gänseblümchen bepflanzter Kasten im Frühjahr auf dem Balkon oder der Terrasse sieht bezaubernd aus. Er wirkt natürlich und ist verlockend für die Insekten. Man muss nicht die hochgezüchtete gefüllte Schwester namens Tausendschönchen in der Gärtnerei kaufen, sondern gräbt einfach im Garten ein paar Gänseblümchen aus. Ich als Gärtner würde sie mit ein paar weißen und rosafarbenen – oder, für die fröhliche Variante, gelben – Hornveilchen mischen. Designte Natur eben! Solche Kombinationen kann man sich viele ausdenken. Man denke nur an all die wilden Taubnesseln, Vogelmieren und Ruprechtskräuter, die sich vielleicht schon im Topf oder Kasten von allein angesiedelt haben. Einfach stehen lassen und etwas dazusetzen. It's all in the Mix!

Heimische Wildpflanzen

Seit ich in die Wiese nur noch Wege mähe und den Rest für Pflanzen und Tiere stehen lasse, spare ich Wasser, und zudem wartet jeden Tag eine Überraschung auf mich. Eine neue Pflanze, ein schillernder Käfer – mein Motto »Wiese statt Rasen!« möchte ich eigentlich täglich laut in die Gartenwelt hinausrufen. Plötzlich ist Lebensraum für Wildstauden da, Stauden, die gern schon früher gekommen wären, die aber gespürt haben, dass sie nicht willkommen waren. Wenn ich heute Staudenpflanzungen für den Garten plane, schaue ich mich auch ganz gezielt bei den einheimischen Wildstauden um. Im Laufe der letzten Jahre haben sich eine ganze Reihe von attraktiven Wildstauden bei mir eingefunden. Manche kamen von allein, andere habe ich gepflanzt oder ausgesät.

Echter Dost (Origanum vulgare)

Auf ihn fliegen alle. Schwebfliegen, Schmetterlinge, Wildbienen, Honigbienen – es ist ein Kommen und Gehen auf dem Wilden Majoran, so abwechslungsreich, dass man gar nicht wegschauen möchte, weil man die Ankunft eines neuen Insekts verpassen könnte. Er ist extrem genügsam, braucht kaum Wasser, aber viel Sonne, und er ist ein attraktiver Begleiter im kargen Staudenbeet!

Echtes Johanniskraut (Hypericum perforatum)

(Foto s. gegenüberliegende Seite, gelb blühend)

Die Blütezeit vom Johanniskraut erstreckt sich über viele Monate. Unfassbar, wie viele goldene Blütensterne so eine Staude produzieren kann. Mit dem Pollenwert 3 (Höchstwert 4) ist sie für Wildbienen sehr attraktiv und wird auch rege angeflogen, auch Schwebfliegen umkreisen sie wie Planeten die Sonne, den ganzen Tag. Das Echte Johanniskraut mag Sonne, wächst aber auch im Halbschatten, es braucht kaum Wasser und versamt sich gut. Die Sämlinge sind sehr zart und lassen sich, falls es sein muss, auch gut jäten.

Herzgespann (Leonurus cardiaca)

(Foto s. gegenüberliegende Seite)

Das Herzgespann ist eine wunderbare Pflanze! Ich habe sie erst durch meinen Schrebergarten kennengelernt und mich riesig über diese neue Bekanntschaft gefreut! Das Herzgespann hat bei mir Narrenfreiheit, fast überall, wo es mag, darf es wachsen! Mit seiner bescheidenen, unaufdringlichen Art hat es mich regelrecht um den Finger gewickelt. Das Herzgespann ist für alle Nachbarn ein filigraner, anmutiger Begleiter. Es ist ein Lippenblütler und die Insekten bekommen gar nicht genug von den nektarreichen Blüten. Es versamt sich stark, wird aber nicht lästig. Man nennt es auch Löwenschwanz, und in der Tat sehen die Blätter wie das Ende des Schwanzes eines Löwen aus.

Kuckucks-Lichtnelke (Lychnis flos-cuculi)

Eine wunderbare Wildpflanze, die ich auf meiner Wiese angesiedelt habe. Sie sieht mit ihren fransigen, rosafarbenen Blütenblättern zwar immer etwas verwirrt und desorganisiert aus, ist aber, wenn man sie genau betrachtet, wahnsinnig schön. Ich verstehe nicht, warum sie nicht öfter gepflanzt und in Staudenbeete integriert wird. Die Kuckucks-Lichtnelke ist ein sehr bezauberndes Geschöpf. Sie ist ein Beispiel dafür, dass man Pflanzen einfach mal ausprobieren muss. Was auf den Schildern zu den Wünschen der Pflanzen steht, ist manchmal zu eng gefasst oder man sollte die Pflanzen diese Schilder einfach nicht lesen lassen. Obwohl die Kuckucks-Lichtnelke laut Beschreibung eigentlich feuchte Standorte bevorzugt, habe ich sie in meine eher trockene Wiese gesetzt. Allerdings an eine etwas tiefer gelegene Stelle, wo sich die Feuchtigkeit länger hält. Dort wächst sie wunderbar, wird Jahr für Jahr schöner und liefert Nektar für Schmetterlinge, Futter für Raupen und Pollen für Wildbienen.

So geht's

Wiese statt Rasen

Wiese statt Rasen! Dass das richtig, wichtig und gut und schön ist, musste ich auch erst lernen. Ich glaube, das Thema Rasen ist häufig so ein Männerding! Männer reden über den Rasen, sie mähen den Rasen, sie informieren sich ausführlich, wie und wann man ihn düngt, sie sind unnachgiebig, wenn ihre Frau auch nur einen Quadratmeter als Wiese haben möchte. Ganz oft höre ich: Ein bisschen Wiese fände ich schön, aber mein Mann ist strikt dagegen. Es scheint sich aber so langsam doch etwas zu ändern, zugunsten der Wiese. Insektensterben und vor allem die Wasserpreise scheinen auch bei den eingemähtesten Rasenfanatikern anzukommen und sie zum Nachdenken zu bewegen. Es gibt beispielsweise den »Mähfreien Mai« und Rasenroboter-Apps, die Teile der Rasenfläche aussparen, damit die sich renaturieren können.

Als ich im Garten nach meiner Beobachtungsphase zu gärtnern begann, fing ich ganz automatisch an, mich um den Rasen zu kümmern. So ein saftig grüner Rahmen für die bunten Beete ist ja auch etwas Schönes und auf den Fotos englischer Gärten, die in meinem Kopf herumschwirrten, sah das auch immer ganz wunderbar aus. Ein saftig grüner Rasen – toll! Ich düngte und goss, kaufte einen Mäher und mähte, so wie ich das in meiner Lehrzeit beigebracht bekommen hatte und wie man das eben machen muss, damit ein Rasen schön dicht bleibt und nicht verunkrautet. Ganz wichtig: einmal in der Woche den Rasen mähen. Weil ich den Rasenmäherlärm überhaupt nicht ausstehen kann, besonders dann nicht, wenn das Mäherkonzert undirigiert aus allen Richtungen ertönt, besorgte ich mir einen Spindelmäher. Der surrt nur leise, der Mähvorgang erfordert Kraft, gleicht einer Übung im Fitnessstudio, es riecht gut – alles war prima. Dann kam mein erster heißer Gartensommer und ich fing an zu schwitzen und zu überlegen: Was mache ich da eigentlich? Es kann doch nicht sein, dass ich die ganze Zeit versuche den Rasen am Leben zu erhalten, als läge er auf der Intensivstation. Ich musste ständig sprengen, was mich komplett in Dauerstress versetzte, denn es war schon nach einer Woche abzusehen, dass ich den Rasen trotzdem nicht saftig grün

würde erhalten können. Ich musste auch deshalb ständig mähen, weil mein geräuscharmer, aber schwächlicher Spindelmäher durch etwas zu hohes Gras nicht mehr durchkam. Ein riesiger Zeitfaktor, den ich im Garten dringend für andere Dinge gebraucht hätte. Ich war auch ständig mit dem »Unkrautstecher« unterwegs. In einen englischen Rasen gehören eben außer Gras keine anderen Pflanzen. In meinem gesamten Garten herrschte das Prinzip Vielfalt, nur im Rasen versuchte ich mir verzweifelt etwas zu ergärtnern, was man schlicht als künstlich erzeugte Monokultur bezeichnen muss. Von meinen 420 Quadratmetern entzog ich mindestens 200 der Natur, indem ich eine wertlose, ressourcenfressende, temporär grüne Monsterfläche schuf. Man kann Zeit, Geld, Energie und Wasser kaum effektiver verschwenden als auf einer Rasenfläche. Ich musste mir etwas überlegen.
Es war ganz einfach: Wenn eine Lösung darin besteht, etwas nicht mehr zu tun, dann geht die Umsetzung schnell. Wobei mir wichtig war, dass das Gesamtgartenbild dennoch harmonisch und gepflegt bleiben sollte. Ein halblanger, verdorrter Rasen war jetzt nicht das, was ich mir jeden Tag anschauen wollte. Außerdem sollte meine künftige Wiese, wie der Rasen vorher auch, zumindest teilweise begehbar sein. In meinem zweiten Jahr habe ich nur noch Wege in die Wiese gemäht. Ich überlegte und probierte, wo und wie ich über die Flächen laufen möchte, das wurden dann meine gemähten Laufstrecken. Den Rest ließ ich einfach wachsen, um zu schauen, welche Pflanzen da überhaupt aus dem einstigen Rasen kommen würden. Da ich sie ja immer geköpft hatte, gab es viele Überraschungen. Nach kurzer Zeit zeigten sich Hirtentäschel und Taubenkropf, Kamille, Johanniskraut, Spitzwegerich, Breitwegerich und Habichtskraut.

Das Düngen habe ich auf der Wiese sofort eingestellt und das Gießen eingeschränkt. Fördern wollte ich die Pflanzen, die auf den Flächen in der Umgebung meines Gartens auch wachsen. Und dort wird weder gedüngt noch gegossen. Es handelt sich um nährstoffarme Magerwiesen, die gut mit den kargen Bedingungen zurechtkommen. Dünger und Wasser fördern nur die Pflanzen, die ich in der Wiese gar nicht haben möchte, um die ich mich ständig kümmern müsste. Sobald ich eine Pflanze entdeckte, von der ich mehr wollte, habe ich das Gras um sie herum sorgsam entfernt, ihr Luft verschafft, damit sie sich schneller etablieren kann.

Die Wiesen in der Umgebung unserer Gartenanlage lieferten mir meinen Pflanzplan. Ich schaute sie mir genau an. Da wuchsen Wildstauden wie Seifenkraut, Natternkopf, Wiesensalbei, Margeriten, Malven und Kuckucks-Lichtnelken.

Für diese Pflanzen musste der Standort wohl auch in meinem Garten optimal sein, also sammelte und kaufte ich Samen, ging in die Staudengärtnerei und besorgte mir diese Pflanzen. Die setzte ich dann einfach in die sich selbst überlassene Rasenfläche. Die Wiesenstauden wurden quasi in die Wiese implantiert.

Sobald Lücken auf der Fläche entstanden, sei es, weil ich Gras entfernt hatte oder eine Maus wütete, säte ich Wiesenblumensamen aus. Nicht die Mischungen mit einjährigen Sommerblumen, sondern die mit mehrjährigen Wiesenblumen wie Flockenblumen oder Braunelle – mit Wildblumen, die an diesen Standort passen.

Im September – wenn ich sicher bin, dass sich die meisten Blumen selbst über ihre Samen ausgesät haben – beginne ich mit dem Mähen, mit dem Elektrorasenmäher auf höchster Einstellung, bei trockenem Wetter. Nicht alle Flächen auf einmal. Fläche für Fläche versetzt im Abstand von vielleicht einer Woche, eben so, wie ich gerade Zeit habe. So bekommen die kleinen Lebewesen in der Wiese die Möglichkeit zu fliehen. Ich kann ihnen ja nicht auf einmal das gesamte Dach über dem Kopf abmähen. So können sie sich erst mal in das benachbarte, noch ungemähte Wiesenstück zurückziehen. Auch lasse ich das Mähgut ein paar Tage liegen, bevor ich es in der Totholzhecke verarbeite. Die Bewohner können sich vom Schreck erholen, herauskrabbeln und sich eine andere Bleibe suchen.

Alles, was abgemäht wurde, muss gründlich von der Wiese gerecht werden. Es soll möglichst wenig organisches Material liegen bleiben. Der Fläche wieder Nährstoffe zuzuführen, wäre kontraproduktiv, denn meine Wiesenpflanzen mögen es karg und mager.

Natternkopf (Echium vulgare)

Wenn im Juli alle Wiesen verbrannt sind, dann steht er aufrecht und leuchtend blau mittendrin im verdorrten Beige: Der Natternkopf findet mit seiner Pfahlwurzel auch das tiefer gelegene Wasser. Es ist faszinierend zu beobachten, welche Insektenfülle er anlockt. Karg, sonnig und trocken mag er es. Es dauert etwas, bis er sich eingewöhnt hat. Die Aussaat hat bei mir nicht funktioniert. Mit vorgezogenen Stauden aus der Gärtnerei, die ich einfach in die Wiese gesetzt habe, hat es dann letztendlich geklappt!

Schöllkraut (Chelidonium majus)

Leuchtendes Gelb und ein unbändiger Ausbreitungsdrang. Ich mag diese kurzlebige Pflanze gern, da sie fast überall wächst. Wobei man sie nicht aus den Augen lassen darf, sonst hat man sie innerhalb kürzester Zeit im ganzen Garten. Glücklicherweise kann man das Kraut leicht entfernen und nur dort wachsen lassen, wo man es gerne möchte oder wo nichts anderes wachsen will. Schöllkraut liefert reichlich Pollen. Und hat heilende Kräfte: Was wirklich wirkt, wenn man konsequent dranbleibt, ist der orangefarbene Pflanzensaft; tupft man ihn regelmäßig auf Warzen, verschwinden sie.

Taubenkropf-Leimkraut (Silene vulgaris)

(Foto s. gegenüberliegende Seite)

»Vulgaris« im Pflanzennamen ist immer gut. Das heißt auf Lateinisch »gewöhnlich« und damit ist klar: Diese Pflanze ist ursprünglich, da war noch kein Züchter dran. Und damit ist die Wahrscheinlichkeit, dass es auch Insekten gibt, die sie gut finden, am größten. Beim Taubenkropf-Leimkraut ist es eigentlich nur der deutsche Name, der mich stört. So ein plumper Name für so ein zartes Wesen. Es ist eine lockere, ausdauernde Staude, die ihre Schönheit besonders in den Morgenstunden entfaltet. Dann öffnet sie ihre Blüten, um sie, sobald es wärmer wird, wieder zusammenzufalten. Ich habe sie in der Wiese, wo sie sich nach etwa drei Jahren von selbst angesiedelt hat.

Wiesensalbei (Salvia pratensis)

(Foto s. S. 149)

Für mich eine der schönsten Salbeiarten überhaupt. Nicht nur, weil sie einheimisch ist und mit den Gegebenheiten gut klarkommt, sondern eigentlich eher, weil sie ungemein elegant ist und auch häufig spät im Jahr noch einmal tiefblau nachblüht. ich habe den Wiesensalbei als Staude gekauft und ihn in Lücken in meiner Wiese quasi »implantiert«. Er braucht Sonne, um sich im Garten wirklich ausbreiten zu können. Am sonnigen Standort ist er auch ein guter Partner im Staudenbeet. Bestäubt wird er von Hummeln, die ihn pausenlos anfliegen.

Wegerich (Plantago)

(Foto s. gegenüberliegende Seite)

Spitzwegerich und besonders Breitwegerich sind die einzigen Pflanzen, die ich kenne, die es wirklich zu genießen scheinen, wenn man auf ihnen herumtrampelt. Selbst auf den ausgetretenen Pfaden haben sie sich bei mir niedergelassen. Wegerich wächst immer und überall, wo man ihn lässt. Wenn man sich die Mühe macht, seine Blüten genau anzuschauen, dann wird man feststellen, dass er auch wahnsinnig hübsch ist. Nun gut, man muss schon wirklich ganz genau hinschauen und benötigt auch etwas Fantasie, aber die kleinen Blütenkerzen mit dem Kranz aus Staubblättern sehen aus wie der Kopfschmuck einer Pfauenhenne. Zu allen anderen Stauden, die zur selben Zeit blühen, sind die Blütenkerzen ein attraktiver Partner. Und wenn der Wegerich mir irgendwo nicht gut gefällt, wird er eben versetzt. Er darf auch bei mir nicht überall wachsen, aber er breitet sich auch nicht unverschämt aus. Warum soll ich an aussichtslos erscheinenden Gartenstellen erst mit viel Kraft und Geld Tausende von Pflanzen testen, wenn sich mir der Wegerich quasi in den Weg vor die Füße wirft? Außerdem lindert sein Pflanzensaft, auf Mückenstiche gerieben, wirklich den Juckreiz!

Zwiebeln und Knollen

Die richtige Planung

Ich empfehle, den Frühlingsgarten im Frühling zu planen. Wenn die Frühblüher blühen, gehe ich in den Garten und mache mir Notizen und Fotos, wo etwas fehlt, wo noch eine andere Tulpen- oder Narzissenfarbe passen könnte und welche Sorten ich erweitern und durch Passendes ergänzen möchte. Es ist auch wichtig zu schauen, wo vielleicht Blühlücken sind. Ich mache das bewusst im Frühjahr – denn im Herbst, wenn die Zwiebeln gepflanzt werden müssen, habe ich garantiert alles wieder vergessen.

Ich gehe also durch meinen Frühlingsgarten, mache in regelmäßigen Abständen Fotos von den Beeten und zeichne im Bearbeitungsmodus gleich in diese Kringel ein, wo ich zu welcher Zeit Platz oder Blühlücken habe. Ich gehe die Kataloge der Anbieter durch und mache mir eine Liste mit allen Zwiebeln und Knollen, die ich gerne haben möchte. Zumeist kommen dann etwa vierzig Sorten mit jeweils zwanzig Stück heraus. Das mag vielleicht ganz hübsch sein, zeigt mir aber, dass ich mich wieder nicht entscheiden konnte und die große Gefahr besteht, dass das Frühlingsgartenbild einfach nur niedlich und bunt werden könnte. Beeindruckender ist immer eine große Stückzahl einer bestimmten Sorte und nicht ein kleiner schüchterner Haufen von Zwiebelchen. Also reduziere ich dann sukzessive die Anzahl der Posten auf meiner Liste und erhöhe die Stückzahlen. Hatte ich vorher zwanzig Tulpen 'Purissima', zwanzig Tulpen 'Spring Green', zwanzig Narzissen 'Actaea' und zwanzig Narzissen 'Love you More', dann mache ich zum Beispiel vierzig 'Purissima' und vierzig 'Actaea' daraus, den Rest lasse ich weg. Am Ende ergibt sich daraus ein wesentlich imposanteres Bild im Garten.

Auch das Zusammenspiel der Zwiebelpflanzen mit den Stauden und Gehölzen muss im Frühjahr auf den Prüfstand. Wer darf bleiben, wer zieht um, wer könnte etwas üppiger sein? Die Blütezeiten müssen harmonieren und die Blüten der Frühlingsblüher sollten zum Austrieb und zu den Blüten der frühen Stauden und späten Zwiebeln passen. Ich kreiere natürliche Gartenbilder, die wie zufällig gewachsen aussehen. In meinen Frühlingsbeeten blühen Dichternarzissen, Beinwell und Silberblatt unter der Felsenbirne, später folgt dort Reitgras (Calamagrostis acutiflora 'Karl Foerster'), Zierlauch und Akelei.

Tipp

Blumenzwiebeln auswerfen

Alle Blumenzwiebeln, die in ein Beet sollen, einfach in einen Eimer geben, alles durchmischen und immer eine Handvoll ins Beet werfen. Dort, wo sie dann landen, werden sie gepflanzt. Das Ergebnis sieht aus, als wären die Pflanzen ganz natürlich dort gewachsen.

Ich bin darum bemüht, dass in den Beeten wirklich lückenlos im Sinne von Karl Foerster »durchgeblüht« wird. Es ist mir wichtig, dass mein Garten immer etwas für die Insektenwelt zu bieten hat. Ich möchte ein guter Gastgeber sein – ganz ohne Ruhetag. Wenn die Insekten mir schon die Freude bereiten und meinen Garten besuchen, sollen sie auch etwas davon haben. Deswegen beobachte ich genau, was bei ihnen ankommt und was weniger. Prärielilien (Camassia) habe ich erst vor ein paar Jahren entdeckt. Glücklicherweise habe ich sie gefunden, denn sie kommen bei den summenden Tierchen sehr gut an. Im Beet und auf der Wiese benötigen die schlanken Blütenkerzen kaum Platz. Sie blühen allerdings nicht sehr lange.

Bei Zwiebeln und Knollen ist es mir sehr wichtig, dass ich sie nicht jedes Jahr neu kaufen muss. Das heißt nicht, dass ich nicht jedes Jahr im Frühjahr und noch heftiger im Herbst dem Zwiebelkaufrausch verfalle. Aber ich habe keine Lust, für Unsummen Zwiebeln zu pflanzen, die nur im ersten Jahr blühen und im zweiten Jahr mit ein paar spärlichen Blättern wertvollen Platz im Beet besetzen. Das ist weder nachhaltig noch pflegeleicht. Ich möchte Zwiebelblüher, die verwildern, die jedes Jahr üppiger und schöner werden. Tulpen beispielsweise will mein Garten nicht wirklich haben, er sendet mir Mäuse, um sie in jedem Stadium, in dem sich die Tulpen befinden, zu sabotieren. Als Zwiebel werden sie zur Hälfte gefressen und zur Hälfte aus dem Pflanzloch gerissen. Austriebe werden als Snack von oben nach unten bis zum Ansatz abgefressen, und kurz vor dem Blühen werden die Stängel bodennah Stück für Stück abrasiert. Teilweise sah das aus wie nach einem Tulpenmassaker – zum Heulen. Inzwischen weiß ich, was mein Garten möchte, und habe mich angepasst. Narzissen schmecken den Mäusen nicht und sehen wunderschön aus, also halten sie zunehmend in meinem Garten Einzug und ersetzen nach und nach die Tulpen.

Ich plane also gründlich – und der Zufall räumt um. Immer. Auch Fehlkäufe oder geschenkte Pflanzen oder Zwiebeln können exzellente Lehrmeister sein. Es sind Lebewesen, und deshalb kann man sie nicht einfach zur Seite, ganz nach hinten in den Schrank zu den anderen scheußlichen Geschenken, stellen. Oft wachsen gerade die Blumenzwiebeln ganz besonders gut, die man gar nicht schön findet. Allzu oft lügt auch die Verpackung. Auf der steht vielleicht *Schwarze Papageientulpe*, doch dann sind sie alle lilienblütig und rot. Tja, und dann guckt man sich das an und denkt: Oh Schreck. Es gibt Menschen, die das Übel dann bei der Zwiebel packen und einfach aus dem Beet reißen, um es nicht mehr täglich sehen zu müssen.

Ich bin da immer uneins mit mir. Klar denke ich, na toll, alles gut geplant und jetzt sieht es halt ganz anders, vielleicht sogar richtig doof aus! Auf der anderen Seite bin ich fasziniert, dass da in meinem Garten etwas gut gedeiht, was mir der Zufall ins Beet gepflanzt hat und was jetzt gegen meinen Sinn von Ästhetik anwächst, um mir zu beweisen, dass schön nicht nur das ist, was eine schöne Farbe oder Form hat, sondern auch das, was einfach gesund und munter, kräftig

und gut gelaunt wächst. Ich bekam als Geschenk zu einer Zwiebelbestellung einen Schwung der Tulpe Tulipa fosteriana 'Madame Lefeber' dazu. Ich kannte die Tulpe nicht und war sehr erfreut über diese Aufmerksamkeit und Wertschätzung des Zwiebelhändlers. Bestellt hatte ich Tulpen in Weiß, Lila, Rosa, zartem Grün und Schwarz. Madame Lefeber ist knallig korallenrot-orange und hat riesige Blüten. Ich habe die Zwiebeln dennoch gesetzt, wenn auch etwas versteckt. Was mit dieser Tulpe unmöglich ist. Wenn sie blüht, dominiert sie alles. Gefühlt sehe ich sie schon leuchten, wenn ich zuhause mit dem Fahrrad losfahre und noch zwei Kilometer von meinem Garten und ihrem Leuchtbereich entfernt bin. Diese Tulpe hat mich und mein Farbkonzept einfach ignoriert. Es ist ihr total egal, dass sie null zum Rest passt. Im Gegenteil, ich glaube, das macht sie nur noch trotziger und immer größer. Mit ihrer Kraft und ihrem starken Willen beeindruckte sie mich, ich hegte jedoch die Hoffnung, dass sie wie die meisten anderen Tulpen auch nur eine Saison lang blüht und ich den Spuk in Knallrot im kommenden Jahr überstanden hätte. Das war dann so gar nicht der Fall, im Gegenteil. Dass es eine Fosteriana-Tulpe ist und die oft wiederkommen, hatte ich einfach ausgeblendet. Von den zehn Zwiebeln, die ich geschenkt bekommen hatte, blühten nun zwanzig. Jetzt leuchtete nicht mehr nur das Beet, sondern gefühlt der ganze Garten. Aber ich musste mir anerkennend eingestehen, dass hier eine trotzige 'Madame' offenbar einen guten Platz bei mir gefunden hatte und auch gerne bleiben wollte. Ich sollte ihr das Gefühl geben, dass sie dazugehört, fand ich. Nach viel Hin und Her setzte ich die Dichternarzissen Narcissus poeticus 'Actaea' und die Tulpe Tulipa fosteriana 'Purissima' dazu (beide s. Foto S. 162/163). 'Actaea' ist weiß, hat eine gelbe Trompete mit einem roten Rand, der so zart ist, als hätte man ihn mit zittriger Hand gemalt und den Pinsel nur für den Bruchteil einer Sekunde in rote Farbe getaucht. Dadurch wirkt diese Narzisse, trotz ihrer im Grunde lauten Farben, so zerbrechlich. Dazu kombinierte ich die Tulpe 'Purissima', die in einer zurückhaltenden Art hollandaisegelb erblüht, so, als könne sie sich nicht entscheiden, ob sie gelb oder weiß werden möchte.

Zu meiner Freude wird sie im Erblühen immer heller, bis sie fast weiß ist. Ich hatte Glück, mein Konzept ging auf. Meine drei Zwiebelblüher sind jetzt das optimale Gespann. Wenn sie zusammen blühen, dann ist das so schön selbstbewusst und zurückhaltend zugleich. Ich kann 'Madame Lefeber' nur danken, dass sie so hartnäckig war und mich so lange angeleuchtet hat, bis mir etwas für uns beide einfiel.

Zierlauch (Allium)

Mit Zierlauch kann man den Insekten im Garten eine sehr große Freude machen. Sie sehen jedenfalls ziemlich zufrieden aus, wenn sie in den Blütenkugeln wühlen. Es ist unglaublich, was auf dem Planeten Lauch den ganzen Mai und Juni über so los ist. Ich beobachte das Treiben wahnsinnig gerne. Ich liebe es, wenn es im Garten summt und brummt, wenn die Bienen und Hummeln unermüdlich von Blüte zu Blüte schwirren. Ich versuche, die Zierlauchblüte im Garten zeitlich so weit wie möglich auszudehnen, setze also früh blühende und spät blühende Sorten. Alle haben eines gemeinsam: Das Laub welkt schnell. Es wird gelb und lappig, noch bevor die Blüten erscheinen. Das Erdreich um die Pflanzen herum sieht dann einfach nicht schön aus. Deshalb pflanze ich Stauden um den Lauch, die früh austreiben und das welke Laub etwas kaschieren. Geißbart (Aruncus), Wiesenknopf (Sanguisorba) und Salomonssiegel (Polygonatum) sind attraktive Zierlauchbegleiter. Gräser und Farne machen sich zwischen den Lauchkugeln ebenfalls gut. Es sieht einfach klasse aus, wenn sich die Blütenbälle in Weiß und Lila aus dem frischen Grün erheben. Auch die verblühten Laubstängel des Alliums sehen später im Laub des Salomonssiegels und der anderen Stauden sehr apart aus. Ich lasse die Stängel immer stehen, bis sie von alleine umknicken. Zierlauch verträgt relativ viel Schatten, deswegen setze ich ihn auch einfach in die wilden Ecken zwischen die Brennnesseln oder den Gewöhnlichen Wasserdost, direkt an die Totholzhecke zwischen Bärlauch, Taubnesseln und Silberblatt. Schön ist es zu sehen, wenn der Zierlauch allmählich die späten Tulpen in der Blüte ablöst; eine besonders aparte Partnerin ist die Papageien-Tulpe 'Victoria's Secret'.

Narzissen

Da mein Garten mir mehrmals deutlich zu verstehen gab, dass Tulpen in ihm nicht wirklich gut funktionieren, bin ich – zunächst schweren Herzens – nach und nach auf Narzissen umgestiegen. Die Wühlmäuse lassen diese nämlich in Ruhe. Jede Zwiebel, die ich einpflanze, wird auch blühen, und zwar jedes Jahr – und wenn es gut läuft, sogar von Jahr zu Jahr auch üppiger. Inzwischen bin ich von Narzissen so begeistert, dass ich zu einem passionierten Narzissensammler geworden bin. Es gibt so viele Sorten, die zu unterschiedlichen Zeiten blühen, dass ich mich wirklich kaum entscheiden kann und jedes Jahr ein paar neue Sorten dazusetze. Am allerschönsten finde ich die Dichternarzissen, und je üppiger und vor allem länger sie in meinem Garten blühen, desto besser. Dichternarzissen duften zart und angenehm nach Frühling. Ich kaufte mir also im zweiten Gartenjahr dreißig Zwiebeln von Narcissus poeticus 'Actaea' und dreißig Zwiebeln der Pfauenaugen-Narzisse Narcissus poeticus var. recurvus. 'Actaea' legt im April los, und wenn sie im Mai verblüht, fängt die Pfauenaugen-Narzisse gerade an.

Narzissen empfinde ich als große Bereicherung – besonders auch die kleinen wilden, die einen natürlichen Charme und Ausbreitungsdrang haben, mag ich gern. Narcissus 'Segovia' gehört zu meinen absoluten Lieblingssorten. Sie duftet – wie übrigens viele Narzissen – und kommt gut mit Trockenheit zurecht. Sie ist eine verlässliche Freundin, die jedes Jahr wieder da ist, immer üppiger und blühfreudiger wird, auf die ich mich freuen und verlassen kann! Generell bevorzuge ich die ungefüllten, einfachen Narzissensorten. Da geht es mir jetzt weniger um die Insekten – die sind zu der Zeit mit anderen Blüten in meinem Garten gut versorgt –, nein, es ärgert mich einfach, dass sich die dicht gefüllten Blüten bei Regen so vollsaugen, dass sie, sobald ein bisschen Wind aufkommt, abknicken oder sich auf den Boden absenken und im Matsch liegen bleiben.

Hier ist eine Auswahl meiner Lieblingsnarzissen:

Narcissus 'Love you More' (Foto s. S. 152/153)
Narcissus poeticus 'Actaea' (Foto s. S. 162/163)
Narcissus poeticus var. recurvus
Narcissus 'Segovia'
Narcissus triandrus 'Thalia'

Tipp

Zwiebelblüher in Töpfen nicht wegwerfen

Millionen Narzissen und Krokusse warten im Frühjahr an Orten, wo sie nicht hingehören auf ihren Tod. In Lebensmittelgeschäften, Baumärkten, vor Bioläden und Bahnhöfen. Sie werden kurzzeitig blühen und nach ein paar Tagen in der Tonne landen. Mit Zwiebelblühern in Töpfen möchte wahrlich niemand tauschen. Dabei sind sie von ihrer Biologie für ein Leben in Ewigkeit und unter schwersten Bedingungen gemacht. Ihre Zwiebeln sind Speicherorgane, die sie auch in schlechten Zeiten versorgen und in die sie sich zurückziehen, um jedes Jahr erneut zu blühen und uns Freude zu machen. Man muss ihnen diesen von der Natur gegebenen Wunsch nur gewähren. Also bitte: Wer Pflanzen adoptiert, der sollte dies nicht leichtfertig tun. Bitte einfach dafür sorgen, dass die Zwiebelgewächse in den Töpfen ein Plätzchen im Garten bekommen. Das muss ja nicht der eigene sein. Man kann mit so einem Töpfchen über Jahre viel Freude bereiten. Warum sollte man sich im Herbst lauter neue Blumenzwiebeln kaufen, wenn man das im Frühjahr doch teilweise schon getan hat? Ich lasse die Töpfe nach der Blüte an einem schattigen Platz im Garten das Laub komplett einziehen und setze sie im Herbst in den Garten.

Lerchensporn (Corydalis solida 'Purple Bird')

Eine prachtvolle, edle Sorte mit Wildcharakter. Hat man seine Knollen einmal im Garten etabliert, verwildert er mit den Jahren. Herzerwärmend schön ist er in der Wiese unter Laubbäumen, wenn die Bienen ihn kräftig durchschütteln. Gute Partner sind frühe Narzissen. Sie übernehmen, wenn der Lerchensporn langsam vergeht und bis zum kommenden Jahr Pause macht.

Schneeglöckchen (Galanthus)

Mein Herz schlägt für Schneeglöckchen, es sind so zauberhafte Geschöpfe. Als Nahrungsquelle für frühe Insekten sind sie mit Winterlingen und frühen Krokussen zudem sehr wichtig und wertvoll. Wenn ich sie im Frühjahr im Topf kaufe und auspflanze, wachsen sie bei mir viel besser an, als wenn ich im Herbst Zwiebeln stecke. Geteilt werden sollten sie gleich nach der Blüte. Vielleicht werden sie im Beet zu viele oder man möchte welche verschenken oder auch an einer anderen Stelle im Garten etablieren. Ich lasse sie einfach machen, je mehr Schneeglöckchen im Winter in meinem Garten bimmeln, desto schöner finde ich es.

Tipp

Blumenzwiebeln pflegen

Fast alle Zwiebelgewächse sollten, sobald sie austreiben, organisch gedüngt werden. Jetzt wachsen sie am stärksten, brauchen am meisten Kraft. Nach der Blüte wird nur der Samenstand entfernt, der Rest – Laub und Stängel – sollte komplett vergehen, bis er rascheltrocken ist. Die Kraft, der Saft, soll zurück in die Zwiebel. Je ruhiger sie es den Sommer über haben – kein ständiges Gießen, Düngen oder Hacken –, desto kräftiger starten sie in das kommende Frühjahr. Die beste Pflanzzeit für die Blumenzwiebeln, die im Frühjahr blühen, ist der Herbst, dann, wenn das Laub fällt, möglichst nicht früher! Gepflanzt werden kann an frostfreien Tagen bis in den Januar hinein.

Tulpen

Wie bereits weiter oben gesagt, sind Tulpen zumindest in meinem Garten eine Herausforderung. Deswegen bin ich dazu übergegangen, hauptsächlich Wildtulpen zu setzen, die, wenn sie denn überleben, zumindest von alleine versuchen, ihren Bestand zu erhalten, denn sie neigen zum Verwildern. Die Tulpen jährlich aufs Neue nachzupflanzen, wäre eine Alternative, aber das finde ich nicht besonders nachhaltig. Ich habe in den vergangenen Jahren Hunderte von Tulpen verbuddelt. Hier ist eine kleine Auswahl der Sorten, die zumindest – so etwa zu fünfzig bis achtzig Prozent – auch im zweiten Jahr nach der Blüte wiederkamen.

'Darwisnow'
'Paul Scherer' (Foto s. S. 158)
Tulipa fosteriana 'Purissima' (Foto s. S. 162/163)
'Queen of Night' (Foto s. S. 157)
'Spring Green'
Tulipa fosteriana 'Madame Lefeber'
Tulipa turkestanica (Wildtulpe)
'White Triumphator'

Eine Ausnahme bezüglich der Nachhaltigkeit von Blumenzwiebeln mache ich bei Papageientulpen, sie pflanze ich immer wieder nach. Ich kann es nicht erklären, aber ihr Anblick fasziniert mich. Sie sehen aus, als ob sie sich bewegen und durch die Beete flattern würden. 'Green Wave', 'Cabanna' (Foto s. S. 152/153), 'Victoria's Secret' oder 'Black Parrot' sind im besten Sinne barock – wie gemalt. Sie machen mir gute Laune.

Dahlien

Wer behauptet, Dahlien seien unkompliziert, der muss sehr verliebt in die Schönheiten sein (oder hat ein so wahnsinnig kompliziertes Leben, dass der Umgang mit den Diven dagegen leicht erscheint). Dahlien brauchen eigentlich ständig unsere Aufmerksamkeit. Ich habe mich schon oft gefragt, ob es wirklich Sinn hat, Knollen zu kaufen und mühsam zu überwintern, diese dann in Töpfen vorzutreiben, sie zu pinzieren – also die Spitzen auszuzwicken, damit sie sich verzweigen –, sie zu düngen und sie dann am Ende vielleicht ohnehin an die Schnecken zu verlieren. Kann man sie vor den Schnecken retten, muss man sie stützen, anbinden, das Verblühte herausschneiden und nach einem Regen die großen gefüllten Blüten schütteln, damit sie nicht abbrechen. Man hat also zu tun! Sobald ich aber von der ersten Dahlienblüte begrüßt werde, bin ich nicht nur versöhnt, sondern regelrecht im Dahlienfieber. Dann überlege ich, welche Sorten ich noch gerne hätte und in welche Richtung ich mein Dahlienbeet vergrößern könnte. Wenn eine Hummel sich in der Blüte der Sterndahlie 'Verrone's Obsidian' hin und her wälzt, schlägt mein Herz ein bisschen höher. Die Sterndahlie 'Honka Fragile' mit ihren offenen Blüten hatte ich extra für die Bienen ausgesucht, und es hat tatsächlich genau so funktioniert, wie ich mir das wünschte, die Bienen haben sie sofort akzeptiert. Ja, es ist anstrengend, aber ich werde es immer wieder tun, ich werde immer wieder Dahlien setzen.

Ein Dahlienbeet, egal in welcher Mischung aus Blütenfarben und -formen, sieht immer großartig aus. Einzig die Höhen sollten einigermaßen passen. Einmal hatte ich beim Überwintern die Beschriftungen der Knollen schlauerweise mit einem wasserlöslichen Stift vorgenommen. Beim ersten Tropfen Feuchtigkeit wurden die Namen unleserlich. Ich wusste also irgendwann nicht mehr, wer später im Beet an welcher Stelle wie blühen würde. Also wurde das Prinzip Zufall mal wieder zum Gestalter. So bildeten 'Sweet Nathalie', 'White Perfection' und 'Dark Butterfly' eine wunderschöne Gruppe. Ob ich selbst auf diese Idee gekommen wäre? Mein Dahlienbeet ist mir wirklich eine Riesenfreude. Welche Dahlie ich allerdings am schönsten finde, ändert sich täglich – ach was: stündlich. 'Penhill Watermelon', 'Crème de Cassis', 'Bumble Rumble' oder 'Mambo' – eigentlich sehen alle wahnsinnig schön aus.

In meinem Dahlienbeet wachsen diese Sorten:

'Bumble Rumble'
'Café au Lait'
'Crème de Cassis'
'Dark Butterfly'(Foto s. gegenüberliegende Seite)
'Honka Fragile'
'Mambo'
'Penhill Dark Monarch'
'Penhill Watermelon' (Foto s. S. 168)
'Sweet Nathalie'
'Verrone's Obsidian'
'White Perfection'

Tipp

Echte Schnäppchen

Wer seine Lieblingsgärtnerei und seinen Lieblingsblumenladen hat, der kennt das Angebot und kann dieses genau beobachten. Es lohnt sich, antizyklisch zu kaufen. Also die runtergesetzten Rosen, weil sie gerade verblüht sind. Die Krokusse, Schneeglöckchen und Narzissen, die plötzlich Ladenhüter wurden, weil sie nach Ostern keiner mehr will. Die Tulpenzwiebeln und Dahlienknollen, die rausmüssen, weil die Pflanzsaison einfach endet. Dann gibt es zwar nicht mehr alles, aber alles, was es gibt, ist von guter Qualität. Wenn die Pflanzen gesund sind, nur nicht mehr hübsch, dann sind das echte Schnäppchen.

Lilien

Zwiebelpflanzen, die im Sommer blühen, sind völlig unterschätzt. Sie werden bei der Beetplanung häufig gar nicht mitgedacht. Wenn ich meine Beete plane, gehören sie dazu, ganz genauso wie die Frühlingsblüher auch. Zu meinen Favoriten, die ich auch erst in den letzten Jahren so richtig entdeckt habe, gehören die Lilien. Man kann mit Ihnen ganz hervorragend Blühlücken im Beet überbrücken und selbst in sehr eng bepflanzten Beeten finden sie immer einen Platz und setzen kraftvolle Akzente. Ich verteile immer mehrere Gruppen von fünf bis zehn Exemplaren einer Art oder Sorte locker über das Beet. Die Zwiebeln setze ich richtig nah an die Stauden. Bekommen Stauden wie etwa Katzenminze oder Steppensalbei nämlich ihren Sommerrückschnitt, um noch einmal zu blühen, dann übernehmen in der Zwischenzeit die Zwiebelblumen und die Stelle sieht nicht so kahl und leer aus. Die Insekten finden weiterhin Futter. Auch zwischen Gräsern und sogar mitten in der Wiese sind solche Zwiebelschönheiten eine echte Bereicherung. Die beste Pflanzzeit für Lilien ist Februar/März. Ich pflanze sie etwa fünfzehn Zentimeter tief und lasse sie natürlich ganzjährig draußen im Beet, so werden sie von Jahr zu Jahr schöner. Staunässe muss man unbedingt vermeiden. Wenn der Boden sehr lehmig ist, sollte man mindestens zehn Zentimeter Sand in das dann entsprechend tiefere Pflanzloch geben und die Zwiebel auf das Sandbett setzen. Es ist wirklich grandios, wie man mit ein paar Zwiebeln ein temporäres Feuerwerk im Staudenbeet entzünden und unschöne Stellen kaschieren kann.

Natürlich passen in einen naturnahen Garten die Türkenbund-Lilien (Lilium martagon) am besten. Ich habe es mindestens vier Mal an unterschiedlichen Stellen im Garten versucht. Leider wurden immer alle – wirklich alle – Zwiebeln von den Mäusen gefressen, so dass ich irgendwann auf Lilien auswich, die in ihrer Blütenform ebenfalls dem Türkenbund ähneln, aber von den Mäusen eher verschont blieben.

Mit diesen Liliensorten habe ich gute Erfahrungen gemacht:

Japanische Lilie (Lilium leichtlinii)

(Foto s. S. 172)

Die Japanische Lilie ist eine wunderbare gelbe Wildlilie und ein großer Gewinn für das Staudenbeet. Ich mag besonders gerne Lilienarten, die hängende, aber nicht allzu riesige Blüten haben und dadurch eher natürlich aussehen. Der Austrieb dieser Lilie ist auch extrem apart, sehr dunkel; bei starker Sonnenstrahlung fast schwarz, sieht das austreibende Laub zu weißen und schwarzen Tulpen sehr elegant aus.

Henrys Lilie (Lilium henryi)

An meinen Bergknöterich 'Johanniswolke' (Aconogonon speciosum) habe ich Henrys Lilie (Lilium henryi) gesetzt. Sie benötigt Halt, den ihr die imposante und standfeste 'Johanniswolke' geben kann. Ich flechte die Blütenstiele einfach in die starken Stiele des Bergknöterichs hinein. Wie kleine orangefarbene Lampions hängen die Blüten dann in den weißen Blütenrispen der 'Johanniswolke'. Während der Bergknöterich hauptsächlich von Fliegen bestäubt wird, zieht die Lilie nun auch andere Insekten wie Bienen in das Beet.

Lilium 'Corsage'

Für mich eine außergewöhnliche Lilie, weil sie keine färbenden Staubblätter besitzt – das ist einzigartig in der Lilienwelt. 'Corsage' ist standfest mit vielen kleinen Blüten, die eben keine Staubblätter haben, also nicht diesen färbenden Blütenstaub produzieren, der auf der Kleidung schon nervig sein kann. Ich habe etwa zwanzig Zwiebeln locker in meinem romantischen Staudenbeet verteilt. Wenn sie alle in einer Farbkombination aus Rosa mit zartem Gelb blühen, sieht das einfach sehr imposant aus.

Weitere Lilien, die ich empfehlenswert finde, sind:

Königs-Lilie (Lilium regale 'Album')
Korallenlilie (Lilium pumilum)
Lilium 'Chocolate Event'
Lilium 'Red Velvet' (Foto s. S. 172)
Tigerlilie (Lilium lancifolium)
Trompeten-Lilie 'African Queen'

Montbretien (Crocosmia)

Leuchtende Funken im Beet. Man pflanzt sie im Frühjahr tief in die durchlässige Erde und lässt sie dann einfach in Ruhe. Die Minigladiolen verwildern mit den Jahren, blühen in changierenden leuchtenden Orangetönen und haben einen höchst attraktiven Fruchtschmuck. Die Mäuse haben sie mit ihrer Buddelei im ganzen Garten verteilt und das Ergebnis sieht wirklich gut aus! Ich lasse sie ganzjährig im Boden, dann werden sie immer schöner und üppiger. Gute Erfahrungen habe ich mit den Sorten 'Lucifer' und 'Emily McKenzie' gemacht.

Tipp

Blütenstaub entfernen

Hat man Blütenstaub auf die Kleidung bekommen, nicht reiben! Aus Malerkrepp einen Ring formen und mit schnellen Bewegungen die Klebefläche auf die verunreinigte Stelle tupfen. Der Blütenstaub bleibt am Klebeband haften.

Rosen

Rosen sind das beste Beispiel dafür, dass man mit Schönheit Menschen dazu bringen kann, alles für einen zu tun! Rosen sind absolute Diven, und die meisten von ihnen werden eigentlich fast immer krank. Je hochgezüchteter, desto anfälliger sind sie. In meinen Anfängen als Gartenmensch habe ich sie nur nach Duft, Farbe und Blütenfülle ausgesucht. Oft verführten mich Detailfotos der Blüten in Katalogen dazu, mein Herz zu verlieren und die Bestellung ohne weitere Überlegung abzuschicken. Wo diese Rose dann im Garten Platz finden könnte und ob dieser Platz als Thron von der neuen Königin überhaupt akzeptiert werden würde, habe ich mir nicht überlegt. Als die Diva dann wurzelnackt mit drei Trieben eintraf, wurde sie von mir sofort und freudig in die nächstbeste Lücke gesetzt. Das entscheidende Kriterium für den Standort war: da, wo noch Platz ist. Das erfreute die Diva nun gar nicht, denn eine Lückenfüllerin zu sein, dafür wurde sie nicht erschaffen. Sie bildete dann Blätter, die bekamen Rost und Mehltau, dann Knospen, die bekamen Läuse, dann Blüten, die schwer vom Regenwasser zu Boden sanken. Meine anfängliche Art des Rosengärtnerns war weder naturnah noch nachhaltig und einfach oder pflegeleicht schon gar nicht.

Hecht-Rose (Rosa glauca)

(Foto s. gegenüberliegende Seite)

Die Hecht-Rose hat hübsche Blüten, sehr schönes bläulich rötliches Laub und große, attraktive, orangefarbene Hagebutten. Sie duftet zart und ist ein Insektenmagnet. Die sandigen Böden in Berlin und Brandenburg machen dieser Strauchrose nichts aus. Wenn sie frei wachsen kann, bezaubert sie mit ihrem natürlichen Charme in naturnahen Gärten.

Weitere Rosen für sandige Böden und trockene Sommer, mit denen ich in meinem Garten gute Erfahrungen gemacht habe:

Hundsrose (Rosa canina)
Apfelrose oder Kartoffelrose (Rosa rugosa) 'Strandperle Norderney'
Rambler:
'Guirlande d'Amour' (Foto s. S. 21)
'Veilchenblau' (sie ist vorne auf dem Cover dieses Buches zu sehen)

So geht's

Rückschnitt – Rosen

Zum Rückschnitt von Rosen gibt es mehr unterschiedliche Meinungen und Ratschläge, als man hören oder gar befolgen möchte! Über dem dritten Auge, über dem fünften Auge – wenigstens bei »über« sind sich die Experten einig –, über dem ersten fünffiedrigen Blatt, lieber im Herbst, besser im Frühjahr, erst im Herbst und dann noch einmal im Frühjahr – oh weh! Man kann es sich schwer und wahrscheinlich umfassend richtig machen oder man macht es sich leichter, dann stimmt es zwar nicht zu hundert Prozent, aber der Rose geht es dennoch gut und der Gartenmensch ist entspannter und hat beste Laune! Ich bin natürlich für die einfachere, stressfreiere Methode. Fehler mit geringen Auswirkungen nehme ich dabei gerne in Kauf.

Eigentlich ist der Rückschnitt im Frühjahr, wenn die Forsythien – so gerade – anfangen zu blühen, ein guter Zeitpunkt für den kompletten Rosenrückschnitt. Im Herbst mache ich so gut wie nichts.

Einzig Wildrosen, die ihre Knospen an den alten Trieben des Vorjahres bilden, sollte man erst nach der Blüte auslichten und schneiden. Wenn möglich sanft, sonst bilden sie keine Hagebutten. Deshalb schneide ich auch die Wildrosen im Frühjahr, dann aber nur die ganz alten Triebe komplett heraus. Mir tut es einfach um die vielen Hagebutten leid, die sich, würde ich gleich nach der Blüte schneiden, gar nicht erst bilden könnten.

Den Sommerschnitt bei mehrmals blühenden (remontierenden) Rosen sollte man stärker durchführen als häufig gedacht und dabei nicht nur die verwelkten Blüten herausschneiden. Die Schere am Zweig fast bis zum Ansatz/Abzweig herunterführen, dann wieder etwas hochgehen und über dem ersten nach außen zeigenden Auge, welches in der Blattachse sitzt, abschneiden.

Sträucher und Bäume

Die Sträucher in meinem Garten sollten drei Anforderungen erfüllen: Sie müssen einen naturnahen Charakter haben, ihr Wuchsverhalten sollte so sein, dass man sie in einer bestimmten, also schrebergartentauglichen Größe halten kann, ohne ihren Habitus, ihre natürliche Wuchsform, durch Schnitt zerstören zu müssen, und sie sollten mindestens zu drei, besser zu allen vier Jahreszeiten attraktiv sein.

Blutpflaume (Prunus cerasifera 'Nigra')

(Foto s. gegenüberliegende Seite)

Nigra ist Latein und bedeutet »schwarz«, und alle Pflanzen, die dieses Wort in ihrem Namen tragen, haben bei mir schon mal ein Plus, denn dann sind sie spannend, geheimnisvoll, wollen ergründet werden. Bei der Blutpflaume wird man auch sicher nicht enttäuscht. Sie blüht im frühen Frühjahr in zartem Rosa über- und übervoll. Sie bildet leuchtend braunrotes Laub, setzt tiefviolette Früchte an und besticht im Winter mit einem malerischen Geäst. Ja, sie hat dem Garten und seinen Bewohnern zu allen Jahreszeiten etwas zu bieten.

Felsenbirne (Amelanchier)

Felsenbirnen gibt es in unterschiedlichen Wuchsformen. Sie zählen zu den schönsten Sträuchern im Garten. Bronzefarbener Austrieb, schneeflockenartige Blüten, mattes, im Herbst leuchtendes Laub, schwarze, essbare Früchte und malerischer Wuchs. Mehr geht nicht.

Holunder (Sambucus nigra)

Da ist es wieder, das »Nigra«. Auch er ist im Naturgarten ein Alleskönner. Ich mag den schwarzblättrigen Holunder (Sambucus nigra 'Black Lace') gerne, weil er mit seinen rosafarbenen Blüten und seinem schwarzen Laub alle Blicke auf sich zieht. Mit ihm kann man am Ende eines Weges oder als Blickfang in der Ferne sehr schöne Akzente setzen. Und: Er verträgt Trockenheit sehr gut!

Zierapfel

Immer wenn mich jemand fragt, welchen Baum ich empfehlen würde, rate ich zu einem Zierapfel. Diese Bäume bzw. Großsträucher begeistern mich. Sie sind gesund, brauchen nicht viel, blühen in den schönsten Farbtönen, werden von den Insekten angeflogen, bilden hübsche, essbare Früchte. Die kann man entweder verarbeiten oder für die Vögel als Nahrungsquelle im Winter einfach hängen lassen. Sie haben sehr schönes Herbstlaub und einen malerischen Wuchs. Es gibt sie für alle Gartengrößen und auch in großen Kübeln auf dem Balkon und auf der Terrasse sind sie eine echte Zierde!

Magnolien

Dass Magnolien meine erste Gartenliebe waren, hatte ich ja schon erwähnt. Sie können für viel Begeisterung, aber auch für Enttäuschung sorgen. Da freut man sich das ganze Jahr über auf die Magnolienblüte im Garten, und dann bringt der Frost den Frust. Eine einzige zu kalte Nacht, und alles ist dahin. Die Blüten werden braun statt rosa und bieten einen jämmerlichen Anblick. Wer das so oder so ähnlich schon mal erlebt hat, der sollte auf Magnolien zurückgreifen, die viel später blühen und von Spätfrösten meist verschont bleiben. Dann entgeht einem zwar der besondere Zauber und Charme der frühen Blüte, aber man muss nicht komplett auf Magnolien verzichten. Überhaupt sind Magnolien faszinierende Wesen. Erdgeschichtlich stammen ihre Urformen aus der Kreidezeit und diese wuchsen vor hundert Millionen Jahren auch in Europa, bis sie von den Eiszeiten verdrängt wurden. Bestäubt wurden und werden diese ersten Blütenpflanzen schon immer von Käfern, damit gehören sie zu den Käferblumen im Garten und haben – auch wenn es überrascht – durchaus ihre Berechtigung im insektenfreundlichen Garten.

Weidenblättrige Birne (Pyrus salicifolia)

Wer sich eine Olive oder einen Eukalyptus wünscht – die beide in unseren Breiten nicht frostfest sind –, sollte lieber zur Weidenblättrigen Birne greifen. Sie hat für mich dieselbe exotisch mediterrane Anmutung wie die beiden wirklichen Exoten, ist aber wesentlich robuster und naturnäher. Sie blüht schön, macht wahnsinnig hübsche kleine – leider nicht gut schmeckende – Birnen, die aussehen, als seien sie aus Marzipan geformt und dann bemalt worden, und sie hat richtig elegantes, silbriges Laub. Sie ist frostfest und mit wenig Wasser und Hitze hat sie auch keine Probleme, im Gegenteil, unser Klima passt für sie genau. Ich bin so begeistert von diesem Baum, dass ich gleich zwei Exemplare in meinen Garten gesetzt habe.

So geht's

Rückschnitt – Sträucher und Bäume

Was ich manchmal an gefolterten und verstümmelten Bäumen und Sträuchern zu sehen bekomme, treibt mir fast die Tränen in die Augen. Klein, gleichförmig und rund scheint irgendwie als hübsch oder vielleicht auch beruhigend fürs Auge zu gelten. Mich macht das etwas ratlos. Wenn alle Bäume und Sträucher in die gleiche Form geschnitten sind, scheint das Gartenteam gute Arbeit geleistet zu haben. Ist es denn wirklich lebensbedrohlich, wenn ein Ast in den Weg oder in das Nachbargrundstück ragt? Man könnte es meinen. Im Gemeinschaftsgrün vieler Wohnanlagen hat sich eine Mode entwickeln, ein Schnippelcode, der häufig als »Hausmeisterschnitt« bezeichnet wird. Alle Sträucher und Bäume werden bei dieser erbarmungslosen Technik – ohne Rücksicht auf ihren natürlichen Habitus – halbrund abgesägt. Doch auch Grünanlagen haben eine eigene Ordnung und ein Eigenleben. Eine Forsythie beispielsweise möchte locker wachsen, und wenn beschnitten, dann eher ausgelichtet werden. Ein Spierstrauch möchte eine Kaskade sein und sanft überhängen. Eine Eibe wird durch häufigen Schnitt erst dicht, ist also als Formgehölz gut geeignet. Es ist deren Natur und die gilt es zu berücksichtigen, dann sehen die begrünten Anlagen durchaus auch klasse aus, dann werden sich die Tiere dort wohl fühlen und unser Weg zum Hauseingang wird lebendig und erlebnisreich sein. Leider wird oftmals bei der Bepflanzung – auch im Privatgarten – der Fehler schon gepflanzt.

Je besser ein Strauch oder Baum in seiner natürlichen Wuchsform und seiner zu erwartenden Größe an seinen Standort passt, umso weniger muss geschnitten werden.

Warum beispielsweise eine Tulpenmagnolie nehmen und keine Sternmagnolie, wenn einfach nur wenig Platz zur Verfügung steht? Die Wuchseigenschaften einer Pflanze sollten ein entscheidendes Kriterium für ihren Einsatzbereich sein. Ich würde mir wünschen, dass es in Gärtnereien auch Tische und Ecken speziell für kleine Gärten gibt. Die Grundstücke werden einfach immer kleiner und eine Vorauswahl der Gärtnereien würde es vielen Kunden einfacher machen.

Beim Rückschnitt der meisten Gehölze – wenn sie in ihrer Größe dem vorhandenen Platz entsprechend gepflanzt wurden – ist grundsätzlich Folgendes wichtig:

So schneiden, dass der Habitus, die natürliche Wuchsform, des Baumes oder Strauches gefördert und erhalten wird.

Kranke und alte Äste, die den Strauch nach innen beschatten, komplett entfernen.

In den meisten Fällen ist es besser, ein paar Äste ganz herauszuschneiden, als an allen Ästen ein bisschen herumzuschnippeln.

Lieber selten stärker als ständig ein bisschen schneiden.

Bei Bäumen, die eine Spitze, einen Mitteltrieb haben, aufstrebende Doppelspitzen entfernen.

Obstgehölze

Obst – Kultursorten und Wildobst – spielt im Naturgarten eine wichtige Rolle. Äpfel, Birnen, Pflaumen usw. nähren Tiere ebenso wie uns Menschen. Wichtig bei der Wahl der Obstgehölze ist, dass sie gut zum Standort, sprich: dem Boden, passen. Die Unterlage, auf der die Obstsorte veredelt wurde, ist wichtig für das Gedeihen des Baums. Sie muss an die Bodenverhältnisse angepasst sein, um die darauf veredelte Obstsorte gesund und wüchsig zu erhalten. Bei Obstbäumen ist es wirklich entscheidend, sich in spezialisierten Baumschulen beraten zu lassen. Nichts ist nerviger, als einen über Jahre vor sich hin kränkelnden Baum im Garten zu haben und den womöglich auch noch ständig mit irgendwelchen Präparaten behandeln zu müssen.

Wer das Glück hat, bereits große Bäume auf seinem Grundstück oder im Garten vorzufinden, der sollte alles tun, um sie zu erhalten und sie in die Gestaltung einzubeziehen. Man muss sich wirklich beschenkt fühlen, so ein ehrwürdiges, viele Jahrzehnte altes Wesen im Garten haben zu dürfen. Bei mir wachsen zwei alte Birnbäume und eine alte Kiefer. Man besitzt solche Bäume nicht auf Dauer. Sie hatten schon viele Besitzer vorher und sie werden hoffentlich auch nach mir noch viele Besitzer haben. Einer der beiden Birnbäume ist ganz besonders stattlich, einfach riesig, und jedes Mal, wenn er anfängt zu blühen, hüpft mein Herz. Einen Birnbaum wie den meinen muss man einfach erhalten – wie sollte man den Bienen, die seit vielen Jahren immer zu diesem Baum kommen, erklären, dass er plötzlich nicht mehr da ist? Wo sollten sie so schnell so viel neue Nahrung herbekommen? Leider kenne ich die Sorte nicht. Nachbarn, die den Baum noch aus ihrer und seiner Jugend kennen, meinen, es sei eine 'Gute Luise', aber sicher ist das nicht.

Feigen

Als ich meinen Garten übernahm, hörte ich von mehreren Seiten den Satz, wie es denn mit einer Feige wäre, das könne doch schön sein. Nein – nichts für mich. Das war mir damals viel zu exotisch. Dann mussten meine Nachbarn aber einen Teil ihrer Laube zurückbauen – und damit fiel plötzlich auch recht viel Sichtschutz weg und Sonne in den Garten. Nach einigen Überlegungen kam ich zu dem Schluss, dass eine Feige eigentlich doch eine Möglichkeit wäre. Sie wächst schnell, lässt sich gut schneiden, hat großes Laub, trägt leckere Früchte und ist wahrscheinlich einer der Klimagewinner und damit gut zu pflegen. In den Gärten um mich herum standen schon einige, der Standort müsste also passen. Auch das ihr zugedachte Plätzchen vor der Hecke war sonnig und einigermaßen geschützt. Nun ist Feige ja nicht gleich Feige und mir ging es nicht um die Exotik des Baumes, sondern um den Sichtschutz, die Früchte und vor allem darum, wie frostfest die Sorte ist und ob sie am einjährigen Holz trägt, falls sie doch einmal zurückfrieren sollte. Nach intensiven Recherchen landete ich schließlich bei der 'Precoce de Dalmatie' (s. Foto gegenüberliegende Seite)– der Köstlichen aus Dalmatien. Ich bin sehr glücklich mit ihr. Ihre ersten beiden Winter hat sie ohne zusätzliche Schutzmaßnahmen schadlos überstanden und schon im zweiten Jahr trug das hüfthohe Bäumchen etwa zwanzig herrlich honigsüße Früchte! Eine weitere sehr robuste und gut geeignete Sorte für das Freiland ist 'Michurinska-10'. Diese alte bulgarische Sorte ist mir erst vor Kurzem begegnet, sie ist extrem frostresistent und zuverlässig tragend.

Johannisbeeren

Johannisbeeren im Garten müssen sein. Ich hatte das große Glück – und ich empfinde es wirklich als Geschenk –, dass schon drei große Rote und ein Weißer Johannisbeerstrauch im Garten wuchsen. Nicht dass ich Johannisbeeren schon immer köstlich fand, als Kind konnte man mich mit diesen sauren, kernigen Dingern jagen. Inzwischen sind Johannisbeergelee und Johannisbeerkuchen mit Haselnussboden und Baiserguss für mich mit das Köstlichste der Welt. Zum Frischverzehr direkt vom Strauch sind Weiße Johannisbeeren unübertroffen, mild, süßlich, säuerlich, dünnschalig, saftig – einfach extrem gut. Weil mir noch eine Schwarze Johannisbeere fehlte und mir das Beerensortiment im Garten zweifarbig noch nicht komplett vorkam, setzte ich noch eine Schwarze Johannisbeere. Da die Beerensträucher auch als Sichtschutz fungieren, brauchte ich eine hohe, wuchsfreudige, möglichst gesunde Sorte, deren Früchte auch zum Frischverzehr geeignet sind. Ich kam schließlich auf die Sorte 'Titania'. Und egal, ob man Schwarze Johannisbeeren nun essen mag oder nicht, wer einmal am Holz oder an dem Laub gerieben und dann an seiner Hand gerochen hat, der will sofort eine haben. Das ist ein Duft, wie er schöner kaum sein kann – Cassis pur! Daran kann man übrigens ganz leicht die Schwarzen von den anderen unterscheiden – auch im fruchtlosen Zustand! Die Schwarzen duften, die anderen nicht!

Tipp

Man kann es sich beim Rückschnitt von Johannisbeeren besonders leicht machen, wenn man diesen durchführt, sobald die Früchte reif sind. Also: Erst schneiden und dann die Äste bequem im Sitzen abernten. Bei Roten und Weißen Johannisbeeren nimmt man alte Äste komplett heraus, Schwarze Johannisbeeren kürzt man eher ein, damit sie viele Seitentriebe bilden.

Mispeln

Die Gemeine Mispel (Mespilus germanica) ist ein Wunderbaum, unglaublich genügsam. Dieses Obst wird definitiv viel zu selten gepflanzt. Sie steht unter meiner Kiefer im schattigen Wurzelbereich, wächst gut und gesund, ohne dauernd gegossen oder umsorgt werden zu müssen. Sie blüht spät, erst Ende Mai, Anfang Juni und bildet höchst attraktive Früchte. Diese lassen sich gut zu Marmelade verarbeiten – allerdings müssen sie bis zum ersten Frost am Baum bleiben, erst dann werden sie weich und genießbar.

Quitten

Quitten sind wunderbare Bäume. Sie verlängern die Obstbaumblüte und bringen mit ihren gelben Früchten den Herbst zum Leuchten. Wenn die Äpfel verblüht sind und die Bienen sich weiterhin nach Nahrung umgucken, dann kommt ihnen so eine Quitte gerade recht, denn dann beginnt ihre Blütezeit. Ich habe lange überlegt, ob ich eine Birnen- oder eine Apfelquitte nehmen soll, und habe mich dann letztendlich für die Konstantinopeler Apfelquitte entschieden. Die Früchte werden nicht ganz so riesig und der Baum muss damit keine so große Last tragen wie bei den Birnenquitten. Man kann die Früchte also möglichst lange hängen lassen, ohne dass der Baum zusammenzubrechen droht. Sie sind in erntereifem Zustand wenig pelzig, sondern glänzend und quittengelb, wie es so schön heißt. Wie goldene Kugeln hängen die Früchte an den Zweigen. Der Baum trug, als er drei Jahre alt und keine zwei Meter hoch war, schon etwa zwanzig perfekte Früchte. Wenn ich sie im Herbst in die Wohnung hole, dann duftet es in den Räumen ganz wunderbar, und das über Wochen. Schließlich wandern die Früchte dann in den Entsafter und werden zu sehr wohlschmeckendem Gelee verarbeitet.

So geht's

Rückschnitt – Obstbäume

Man muss es sich möglichst leicht machen. Besonders dann, wenn die Hürde hoch und der Sachverhalt kompliziert zu sein scheint. Der Obstbaumschnitt gehört definitiv zu den Dingen, mit denen man sich sein Gartenleben und die unbeschwerte Freude daran echt vermiesen kann. Ich bin kein Spezialist, und wenn ich Obstbaumspezialisten nach einfachen Schnittkonzepten frage, bin ich oft schnellstens verloren! Zehn Gärtner haben zwanzig Meinungen, und dann bekommt jede Baumart noch zwanzig Extraregeln mit auf den Weg die Leiter hinauf. Und je höher man mit der Schere oder Säge in der zittrigen Hand steigt, desto verzweifelter wird man. Wird der Baum mir verzeihen? Werden sich meine Gartennachbarn schlapplachen, wenn sie das Ergebnis sehen, oute ich mich jetzt als absoluter Obstbaum-Loser? Werde ich an diesem Baum nie wieder Obst ernten können, weil ich es einfach total vermasselt habe?
Ich habe beschlossen, mir aus all den Regeln die einfachsten und für mich umsetzbaren auszuwählen, auch befolge ich nur die, die mir plausibel erscheinen und für andere Bäume und Sträucher auch gelten. Natürlich ist es sinnvoll, sich in manchen Fällen mit dem Profi-Obstbaumschnitt zu beschäftigen, aber ich bin nicht im Erwerbsanbau, wenn ich mal ein paar Birnen weniger habe, dann ist das eben so. Außerdem sollen meine Bäume vom Wuchs her auch schön natürlich aussehen, nur auf Leistung getrimmt, will ich sie gar nicht haben. Im Wesentlichen richte ich mich nach folgenden Grundregeln:

Ein starker Rückschnitt bedingt einen starken Austrieb, also lieber sanft und regelmäßig schneiden.

Kernobst – wie Äpfel und Birnen – schneide ich vornehmlich im späten Winter. Steinobst wie Pflaume, Pfirsich und Kirsche nach der Ernte im Sommer.

Licht und Luft müssen in den Baum, damit die Früchte Sonne bekommen und süß werden. Außerdem soll die Feuchtigkeit im Baum schnell abtrocknen können, so dass sich keine Krankheiten ausbreiten und Schädlinge im Verborgenen vermehren können. Also entferne ich alles, was nach innen und über Kreuz wächst.

Steil nach oben wachsende Äste, die aussehen, als seien sie auf der Flucht zum Mond, nehme ich weg. Sie wollen anscheinend sowieso den Baum verlassen. Lasse ich sie gewähren, sorgen sie dafür, dass ich irgendwann an die Früchte nicht mehr rankomme. Die Äste sollen eher eine horizontale Ausrichtung haben, so wie ein Weihnachtsbaum, den man an den Querästen einfach viel leichter mit Kugeln schmücken kann. Nur dass es hier eben Obst ist, das nebeneinander und nicht übereinander am Zweig hängen soll.

Wer nach diesen vier Regeln vorgeht, braucht wirklich keine Angst vor dem Obstbaumschnitt zu haben. Das ist die Pflicht, alles andere ist die Kür, der man sich widmen kann, weil man einfach Freude daran hat.

Boden – wie bleibt oder wird er natürlich gesund und kraftvoll?

Die Natur und auch der Garten sind kein Selbstbedienungsladen, der von fleißigen Helfern automatisch immer wieder bestückt wird. Ich muss die Regale schon selbst wieder füllen! Der Gartenboden ist ein gutes Beispiel dafür. Er ist einer der wichtigsten Standortfaktoren. Wenn wir immer nur unüberlegt neu bepflanzen, ihn auslaugen, ihm nichts geben, womit er sich dauerhaft regenerieren und erhalten kann, werden die Beete leerer und irgendwann ganz leer bleiben! Der Boden entscheidet, was er produzieren und liefern kann und was nicht. Dabei hat er es wirklich nicht leicht! Er ist Wohnung und Restaurant für die Pflanzen zugleich. In ihm wurzeln sie und von ihm erhalten sie ihre Nahrung. Damit er diese Aufgabe gut hinbekommt, gilt in meinem Garten: Alles, was aus dem Garten kommt, soll auch im Garten bleiben. Was er mir gibt, bekommt er auch wieder zurück.

Diese Einstellung sorgt nicht nur für ein wahnsinnig gutes Gefühl, sie ist auch ganz pragmatisch, denn sie macht das Gärtnern preiswert und unaufwändig. Worin liegt der Mehrwert, Laub, Äste, Stauden- und Rasenschnitt in Säcke zu verpacken, diese aus dem Garten zu schleppen, sie auf dem Recyclinghof zu entsorgen und dann mit dem nun endlich leeren Auto zum Baumarkt oder Gartencenter zu fahren, es dann wieder mit teurer Erde, Mulch, Dünger und Kompost vollzuladen und das Ganze dann in den Garten zu schleppen? Das ist Ressourcen-, Geld- und Zeitverschwendung. Was ergibt es für einen Sinn, Äste zu häckseln und dann Stäbe und Stangen als

Stützen für Tomaten und Stauden zu kaufen? Warum den wertvollen Rohstoff Laub entsorgen, um dann Kompost und Rindenmulch zu beschaffen? Es ergibt keinen Sinn, denn: Fast alles, was der Garten braucht, liefert er auch – ganz automatisch. Die Natur hat sich das wunderbar ausgedacht. Sie kommt sehr gut ohne uns zurecht (wahrscheinlich sogar besser als mit uns). Laub, Staudenrückschnitt, gehäckselte Äste – das alles wird zu Humus, zu neuer Nahrung, zur Grundlage für natürliches Leben.

Erde sieht man bei mir kaum. Der Boden wird durch die Pflanzendecke geschützt. Das bedeutet aber auch, dass ich den Zustand zwischen wohlwollendem Miteinander und gegenseitigem Bedrängen ständig beobachten und im richtigen Moment gegebenenfalls sanft oder auch mal beherzt eingreifen muss. Da muss man dranbleiben, das erfordert gerade am Anfang Zeit, Geduld und ganz genaues Hinschauen. Wenn sich dann alles miteinander arrangiert hat, wird das Gärtnern entspannter.

Laub

Laub ist ein wertvoller Rohstoff, den uns die Natur im Herbst direkt in den Garten liefert, ohne etwas dafür zu verlangen. Statt uns dafür zu bedanken, harken oder blasen und saugen wir es genervt, laut und hektisch weg, so, als wolle die Natur uns mit ihrer guten Idee ärgern! Bei mir im Garten läuft das anders. Jegliche Art von Laub wird von mir mit dem Rasenmäher kleingeschreddert und in Beete, unter Hecken und Bäumen verteilt. Je feiner das Material, desto schneller zersetzt es sich und liefert wertvollen Humus. Ich streue es auch auf den Kompost und in die Totholzhecke. Schnellkomposter verwende ich nicht, da sie beim Zersetzungsprozess sehr viel Wärme entwickeln, was den dort angesiedelten Mikroorganismen, aber vor allem auch den Würmern, nicht immer guttut. Die sollen selbst entscheiden, wie schnell sie arbeiten wollen, man muss sie nicht anheizen.

Torffreie Substrate

An torffreie Substrate müssen wir uns gewöhnen, auch wenn sie bisher etwas schwieriger in der Verwendung waren als mit Torf versetzte Erden. Inzwischen gibt es aber torffreie Erden, die so gut zusammengesetzt sind, dass sie nicht mehr nur ein Ersatz für die bekannten Substrate sind. Schutz der Moore bedeutet aktiver Klimaschutz, daran kommt kein Gartenmensch vorbei. Unsere Torfmoore müssen erhalten und nicht im Garten verbuddelt werden. Schon gar nicht nur deswegen, weil man gerne Moorbeetpflanzen an einer Stelle hätte, wo die natürlichen Gegebenheiten einfach nicht vorhanden sind. Allerdings haderte ich zugegebenermaßen lange mit torffreien Substraten. Ich hatte einfach kein gutes Gärtnergefühl, mein grüner Daumen versagte bei torffreien Substraten oft. Es war zu feucht, zu trocken, zu faserig – irgendetwas war immer nicht so, wie ich es gerne gehabt hätte oder gewohnt war. Heutzutage haben sich diese Erden enorm weiterentwickelt und können beispielsweise Temperatur- und Feuchtigkeitsschwankungen sehr gut ausgleichen.

Dünger

Im Grunde kommt man sehr gut mit wenigen Düngern aus. Ich verwende ausschließlich organische Dünger. Man kann mit ihnen eigentlich nicht überdüngen, sie fördern das Bodenleben, verbessern so die Qualität des Bodens und sind ein natürlicher Bestandteil des Biotops Garten. Mineralische Dünger führen dem Boden die Nährstoffe zwar direkt und schneller zu, verbessern aber nicht die Bodenqualität, fördern kein natürliches Bodenleben. Es besteht auch immer die Gefahr der Überdüngung. Ich verwende im Wesentlichen Kompost, Jauchen und Mulch – also das, was der Garten sowieso bereitstellt –, zudem einen organischen Universaldünger und einen organischen Flüssigdünger. Letztere kaufe ich zu. Das war es auch schon. Den Kompost kann man selber ansetzen, der Universaldünger ist für fast alle Kulturen verwendbar – außer für Pflanzen in Stein-, Kies-, Sand- und Steppenbeeten, die allesamt eher nicht gedüngt werden wollen – und der Flüssigdünger macht es mir leicht, die Topf- und Kübelpflanzen zu versorgen.

Organischer Universaldünger

Einen guten organischen Universaldünger habe ich immer parat – als Erste-Hilfe-Maßnahme, wenn Pflanzen gelb werden und schwächeln. Wenn Kompost und Jauche nicht ausreichen oder es einfach zu lange dauern würde, bis die Bodenlebewesen den Pflanzen die Nährstoffe verfügbar machen können, dann setze ich einen organischen Dünger ein. Man erkennt den Bedarf, wenn die Blätter etwas gelblich wirken, nicht sattgrün sind. Man sollte seine Pflanzen nicht verhätscheln oder überdüngen, aber gut versorgen, denn nur dann sind sie auch stark und widerstandsfähig.

Spezialdünger

Viele der im Handel angebotenen Spezialdünger braucht keine Pflanze, die lassen sich einfach nur gut verkaufen.

Es gibt natürlich Kulturen, für die Spezialdünger sinnvoll sind, beispielsweise für Zitruspflanzen, Orchideen oder Rhododendren. Sei es, dass sie besonders viel Eisen benötigen, sehr salzempfindlich sind oder die Nährstoffe nur in einem bestimmten, sauren Milieu aufnehmen können. Was aber in den letzten Jahren an unnötigen Spezialdüngern auf den Markt kam, ist fast schon ärgerlich, eine Flut von Nonsens in bunten Verpackungen, zum Beispiel Tomaten-, Chili- oder Blaubeerdünger. Sie alle müssen produziert, verpackt, verkauft und die Verpackungen wieder entsorgt werden. Viele Spezialdünger suggerieren dem fürsorglichen Pflanzenfreund, dass seine gärtnerischen Ambitionen nur fruchten, er seine Pflanzen nur zum Blühen und Früchte-Bilden bekommt, wenn er einen Spezialdünger verwendet. Doch es ist weder praktikabel noch finanzierbar, dass jede Pflanze ihren eigenen Dünger bekommt. Und wie soll die Gabe der verschiedenen Dünger in der Realität überhaupt funktionieren?

In meinem Beet stehen Tomaten neben Bohnen, Chilis neben Thymian. Tue ich den Bohnen Übles, wenn sie mit dem Tomatendünger in Berührung kommen? Wie verhindere ich, dass der speziell für meine Tomate entwickelte Dünger zur Bohne gespült wird? Ist der Kräuterdünger für den Rosmarin oder die Minze? Beide haben völlig unterschiedliche Ansprüche. Eine Minze wächst unbändig, sie will viel mehr Nahrung als ein mediterranes Kraut aus dem kargen Süden. Es gibt Pflanzengruppen, die brauchen mehr Eisen für saftiges Grün, andere mehr Kalium für gesunde Früchte, aber dass ich jetzt anfange, meine Chilis und Tomaten, beides Pflanzen mit ähnlichen Ansprüchen aus derselben Pflanzenfamilie, mit unterschiedlichen Düngern zu versorgen, kommt weder in Frage noch in mein Beet.

Jauche

Man kann natürlich seine Brennnesseln rausreißen und in die Tonne werfen und dann in die Gärtnerei oder den Baumarkt fahren und Dünger kaufen. Aber warum sollte man das tun?

Gut – weil Brennnesseljauche stinkt und das auch durch die Zugabe von Urgesteinsmehl meiner Erfahrung nach nicht ganz verhindert werden kann. Aber sie kostet nichts, sie ist ohne chemische Zusätze, es ist ja nur Wasser und Pflanze drin und sie ist ein guter Stickstofflieferant –was Starkzehrern richtig guttut. Selbstverständlich sollte man die Jauche nicht unbedingt dann ausbringen, wenn die Nachbarn gerade beim Grillen oder bei Kaffee und Kuchen sind. Ich verwende immer nur einen Teil der Brennnesseln für die Jauche und lasse den Rest stehen, weil sie eine wichtige Futterpflanze für viele Schmetterlingsraupen sind. Zudem muss man die Nesseln gut beobachten und entfernen, wenn es zu viele werden, denn ihr Ausbreitungsdrang ist schon wirklich sehr groß.

Mit dem Einhalten von Mengenangaben bei natürlichen Zusätzen wie eben Jauchen nehme ich es nicht so genau. Die Natur dosiert schließlich auch nicht mit dem Messbecher. Für meine Jauche mische ich Brennnesseln und Beinwell. Das Mengenverhältnis bestimmt

der Zufall. Mal ist mehr Beinwell, dann wieder mehr von den Nesseln drin. In meinem Garten steht eine große Tonne mit Deckel, die ursprünglich wahrscheinlich zur Aufbewahrung von Schmutzwäsche genutzt wurde. Diese ist eigentlich immer mit Jauche gefüllt. Wenn mir Brennnesseln und Beinwell in die Finger geraten, dann werfe ich sie einfach in die Tonne und fülle immer wieder Wasser nach. Die Konzentration der Jauche ist also immer unterschiedlich. Wenn ich das Gefühl habe, sie ist stark, dünge ich einmal in der Woche, wenn sie eher dünn ist, dann auch zweimal. Bei den Brennnesseln sollte man darauf achten sie nicht mehr zu verwenden, wenn die Samen reif sind, um eine Ausbreitung im Garten zu verhindern.

Tipp

Grundrezept für Pflanzenjauchen

Ein Kilo frische Pflanzen – Brennnesseln und/oder Beinwell – auf zehn Liter Wasser. Ab und zu umrühren. Wenn die Flüssigkeit nicht mehr schäumt, ist sie fertig. Ich gebe einen Liter der Jauche in eine Zehn-Liter-Kanne und fülle mit Wasser auf.

Hornspäne

Hornspäne werden aus Klauen und Hörnern von Schlachttieren gewonnen. Wenn man schon Tiere tötet, dann ergibt es auch Sinn, möglichst alles von ihnen zu verwerten. Hornspäne sind gute Stickstofflieferanten, die allerdings etwas Zeit benötigen, bis der Stickstoff zur Verwertung für die Pflanzen freigesetzt wird. Man bringt die Hornspäne daher idealerweise etwa drei Monate bevor die Pflanzen beginnen zu wachsen und den Stickstoff benötigen, in die Beete. Je nachdem, ob es sich um frühe oder späte Kulturen handelt, beginnt man damit im November und endet im Februar.

Klee

Es wundert mich nicht, dass Veganer ihr Gemüse nicht mit Abfällen aus der Fleischproduktion wie Hornspänen düngen möchten. Eine gute Alternative neben den Jauchen ist Kleegras in Form von Pellets. Wie alle Leguminosen hat Klee die Eigenschaft, über Knöllchenbakterien in seinen Wurzeln den Stickstoff aus der Luft zu binden und diesen so in den Boden zu befördern. Klee ist also ein guter Stickstofflieferant für vegane Gärtner. Die Pellets sind in gut sortierten Bioläden erhältlich und werden, wie jeder andere Dünger auch, nach Packungsangabe ins Beet eingearbeitet.

Kompost und Flächenkompostierung

Alles, was mein Garten produziert, möchte ich auch verwenden. Er tut nichts ohne Grund, bei allem hat sich die Natur etwas gedacht. Diese Einstellung bringt mich zu Verhaltensweisen, die Außenstehende durchaus als skurril – im besten Falle amüsant – bezeichnen. So bewege ich mich im Dauerschnippelmodus durch den Garten. Immer wenn ich kleinere Mengen abschneide, schnippele ich sie sofort klein oder zerrupfe sie und lasse das Ganze an Ort und Stelle im Beet liegen (s. Foto S. 206). Dort kompostiert das dann und wird zu Humus. Das Schnittgut bedeckt zudem den Boden, schützt ihn so vor Austrocknung und fördert das Bodenleben. Warum sollte ich alles mühevoll kleinschneiden und zum Kompost tragen oder gar in einen Kunststoffsack packen und entsorgen? Bei mir ist der Kompost auch immer rasend schnell voll, da bin ich doch sehr froh, dass ich noch so viel Aufnahmefläche in den Beeten für wertvolles Schnittgut habe!

Mulch

Etwas, das man im Garten nicht oder nur kurzzeitig sehen sollte, ist nackte Erde. Den Boden schutzlos dem Wetter auszusetzen, ist fast schon gemein. Sonne, Wind, Trockenheit, Hitze und Frost zwingen die Bodenlebewesen, in tiefere Schichten zu flüchten oder ganz aus dem Garten abzuwandern. Warum sollten sie sich in einer ungastlichen Umgebung herumquälen, wenn es woanders angenehmer ist! Ist der Boden aber immer gut bedeckt und beschattet, dann können die fleißigen Helfer in für sie angenehmer Atmosphäre – kühl und feucht – ihre wertvolle Arbeit leisten.

Die Erde meterhoch mit Rindenmulch zu bedecken und die Pflanzen darin zu ersticken, ist damit nicht gemeint. Der Mulch-Horror, der in manchen privaten Gärten und vielen öffentlichen Anlagen zu beobachten ist, raubt mir, wie den Pflanzen auch, fast den Atem. »Viel hilft viel« ist in diesem Falle nicht angesagt. Ja, Rindenmulch hilft, Beikräuter zu unterdrücken. Wenn die Wildkräuter aber nicht wachsen können, können es die anderen Pflanzen auch nicht. Eine dünne Schicht ist in Ordnung, aber das Ziel ist es, die Stauden und Bodendecker so zu fördern, dass sie den Boden komplett bedecken und den Wildwuchs gar nicht erst aufkommen lassen. Zudem werden die Pflanzen unter einer starken Mulchschicht auch immer blasser. Wie oft sehe ich anämisch schwächelnde Hortensien bis zum Hals im Mulch stecken. Denn es ist so: Der Zersetzungsprozess des Rindenmulchs verbraucht Stickstoff. Wenn etwas arbeiten soll, muss ihm erst mal Energie – in diesem Fall Stickstoff – zugeführt werden, damit der Prozess überhaupt in Gang kommt. Den Stickstoff aber benötigen die Pflanzen – also die um Luft ringende Hortensie –, um grün zu bleiben. Er wird nun jedoch beim Zersetzungsprozess aufgezehrt. Das heißt, die Pflanze bekommt nicht nur keine Luft, sie bekommt auch keine Nährstoffe. Also bitte die Mulchschicht dünn auftragen, zwei Zentimeter genügen, je nach Mulchmaterial, und zudem bitte Stickstoff in Form von Hornspänen oder Kleegraspellets hinzufügen. Das Ziel ist, die jungen Pflanzen solange zu unterstützen, bis sie sich gegen unerwünschte Konkurrenten von ganz allein behaupten können. Ohne Fürsorge am Anfang geht das nicht.

Als Mulchmaterial sind eigentlich alle natürlichen Materialien geeignet. Wichtig ist nur, dass der Mulch zur Pflanzung passt. Ein trockenes Sonnenbeet kann man wunderbar mit mineralischem Granitsplitt mulchen, im waldigen Schattengarten wählt man eher Laub. Wichtig ist in jedem Fall, dass es weiterhin zu einem Austausch, einer Zirkulation von Luft und Wasser und dem unter dem Mulch liegenden Boden kommen kann. Die Mulchschicht soll den Boden bedecken, ihn aber nicht abdichten.

Umgraben

Auf die Frage »Soll ich umgraben?« antworte ich fast immer mit: »Es kommt darauf an, ich mache es nicht!« Aber warum eigentlich nicht? Ungeliebte Wildkräutersamen werden aus ihrem Schlaf gerissen, aus der Tiefe ans Licht befördert und bekommen dadurch überhaupt erst die Möglichkeit, zu keimen und loszuwachsen. Das Ergebnis des Umgrabens ist also eher unbefriedigend, denn man muss häufiger und ausgiebiger jäten! Das Schlimmste an dem brutalen Eingriff in das Ökosystem Boden ist aber Folgendes: Die Bodenorganismen haben sich wie in einem Hochhaus in ihrer Schicht, in ihrem Stockwerk richtig gut eingerichtet. Sie gehen in ihrer Etage der Beschäftigung nach, für die sie in genau dieser Erdschicht die besten Bedingungen vorfinden. In der Wohnung darüber ginge das nicht so gut. Da ist es vielleicht noch zu hell und in der darunter wahrscheinlich schon viel zu dunkel. Wirble ich dieses wohlsortierte Gefüge, die Stockwerke im Hochhaus, mit dem Spaten durcheinander, wird den Bewohnern erst mal so richtig schwindelig. Die nächste Fahrt geht rückwärts, einmal Schleudersitz für alle! Die Bodenorganismen brauchen Wochen, um sich neu zu sortieren und um sich von unten nach oben und oben nach unten wieder an den Platz

durchzubuddeln, wo sie sein möchten – sofern sie diese Achterbahnfahrt des Grauens überhaupt überleben. Abgesehen davon ist der Boden in meinem Garten total sandig, fast staubig. Im Sand hat umgraben nahezu keinen Effekt.

Für manche Gartenbesitzer kann das Umgraben aber durchaus sinnvoll sein. Der Grundgedanke, um den es dabei ursprünglich ging, ist durchdacht – das gilt aber nur für schwere, fette und lehmige Böden. Sie werden im Herbst umgegraben, damit der Frost in die Erdschollen eindringen, diese aufbrechen und den Boden feinkrümeliger machen kann. Hat man also einen richtig schweren Boden, ist das Umgraben im Herbst durchaus eine Maßnahme zur Verbesserung der Bodenstruktur.

Hacken

Geht man während der Gartensaison durch eine Gartenanlage, sieht man allerorts Menschen hacken, kaum ein Beet scheint davor sicher, sei es nun ein Stauden- oder Gemüsebeet oder eine Pflanzung mit Beerensträuchern. Der Gedanke dahinter ist gut gemeint, man will lästiges Unkraut entfernen und zudem den Boden lockern, damit er beim nächsten Regenguss oder Gießen das Wasser besser aufnehmen kann. Für mich ist das Hacken jedoch eher ein Signal an die Amseln, dass sie hier an der frisch gehackten Stelle doch buddeln könnten, um den fetten Wurm zu erwischen, den sie dort vermuten.

Es ist oft zu lesen, dass durch das Hacken die Kapillaren in der Erde unterbrochen werden, dass Wasser in diesen dann nicht an die Oberfläche steigen und verdunsten kann. So könne man Wasser sparen, müsse seltener gießen. Das Problem ist allerdings, dass es in einem funktionierenden, lebendigen, vielfältig bewachsenen Garten gar keinen Platz zum Hacken gibt, denn es gibt kein freies Fleckchen Erde.

So ist das auch in meinem Garten – die Hacke findet keinen Platz, um tätig zu werden. Entweder der Boden ist dicht bewachsen oder mit Mulch bedeckt. Zu Beginn der Gartensaison und in frisch angelegten Beeten findet die Hacke auch bei mir ihre Verwendung, da leistet sie gute Dienste. Um die Erde vor dem Pflanzen zu lockern, den Kompost und Dünger in die unbepflanzte Fläche einzuarbeiten, unerwünschte Kräuter zu entfernen – dafür nutze ich sie oft und gerne. Sobald es allerdings mit dem Wachsen so richtig losgeht, hat sie eine lange Gartenpause! Im Übrigen ist es auch beim Hacken wie beim Umgraben. Laufend werden Wildkräutersamen ans Licht transportiert und zum Keimen verführt. Die Bodenorganismen werden durcheinandergewirbelt und viele Pflanzen, gerade Flachwurzler wie Magnolien, mögen es gar nicht, wenn man sie ständig an den Wurzeln, also an ihren Füßen, kratzt.

Bodendecker

Bodendecker sind Pflanzen, die den Boden mit der Zeit vollständig bedecken und somit vor Sonne und Erosion durch Wind schützen. Sie sind eine effektive Möglichkeit, den Boden zu beleben. Oftmals allerdings sind sie Fluch und Segen zugleich. Am passenden Standort breiten sie sich schnell und flach aus, bedecken den Boden, halten ihn feucht, schützen die Bodenorganismen und lassen Wildkräuter nicht so stark, manchmal auch gar nicht aufkommen. Durch das Verwelken ihres Laubes und das Auffangen von herangewehtem organischem Material bereiten sie sich ihr Humusbett selbst und werden dadurch immer üppiger. Sie sind die wahren Pioniere. Leider haben viele Menschen mit Pflanzen, die stark und selbstbewusst wachsen und gärtnerischer Fürsorge nicht bedürfen, ein Problem. Was gut wächst, kann nichts taugen, und wahrscheinlich hat das auch jeder in seinem Garten und dann ist die Pflanze ja nichts Besonderes mehr. Dabei muss man sich auch um die Bodendecker kümmern, gerade um einen der robustesten, die ich kenne, den Balkan-Storchschnabel (Geranium macrorrhizum – s. Foto S. 212). Das Kümmern besteht hier allerdings nicht im Päppeln, sondern darin, ihn immer wieder in seine Schranken zu weisen. Denn – und

hier sind wir beim Fluch – der selbstbewusste Bodendecker kann, so er unkontrolliert losgelassen wird, auch mal alles überwuchern. Ich mag Bodendecker sehr, denn sie machen mir das Leben leichter. Wo ich sie gewähren lasse, muss ich eigentlich nur einmal im Jahr etwas pflegen und das war es. Ich setze sie zumeist dort ein, wo kaum etwas anderes wachsen mag, oder an Orten, wo ich mir noch nicht sicher bin, was ich damit machen möchte. Dennoch will ich, dass es auch als temporäre Bepflanzung grün ist, gut aussieht und einen Nutzen für den Boden und die Tierwelt hat. Habe ich dann eine Bepflanzungsidee für den Ort gefunden, müssen sie eben umziehen.

Die fünf besten Universal-Bodendecker für alle Standorte, egal ob Schatten oder Sonne, Trockenheit oder eher feuchte Böden:

Efeu (Hedera helix)
Balkan-Storchschnabel (Geranium macrorrhizum – s. Foto gegenüberliegende Seite)
Blauroter Steinsame (Lithospermum purpurocaeruleum)
Chinesischer Bleiwurz (Ceratostigma blumbaginoides)
Elfenblume (Epimedium)

Wasser – wie kann man es sparsam und gezielt verwenden?

Dass Wasser knapp und wertvoll ist, steht fest, da braucht man nicht drum herum zu reden. Schon im Vorfeld kann man seinen Garten so planen, dass man Wasser nicht verschwendet, sondern es gezielt und bedarfsgerecht einsetzen kann.

Beete tiefer legen

Viele Gartenbesitzer kennen es, wenn die Beete an den Rändern zu stark gewässert werden: Das Wasser-Erde-Gemisch bleibt nicht im Beet, sondern läuft auf den Weg. Pure Verschwendung. Das Problem entsteht zumeist schon beim Anlegen der Beete, und dabei ist nur eine einzige Sache entscheidend: Sie müssen tiefer liegen als der Weg. Schon drei, vier Zentimeter genügen, und nichts kann wegfließen. Ich lege Gemüsebeete, die Dahlienbeete und Beete mit eher feuchtigkeitsliebenden Pflanzen tiefer als das sie umgebende Niveau. Rundherum wird eine Kante in der gewünschten Form gestochen und die obere Erdschicht abgetragen. Zumeist sind das Grassoden, weil ich immer dann, wenn ich mehr Beetfläche möchte, die Rasenflächen verkleinere. Das Tieferlegen hat den wunderbaren Effekt, dass ich die Beete beim Wässern richtig fluten kann, wie Reisfelder. Das Wasser bleibt an den Pflanzen stehen und läuft nicht weg. Es durchdringt den Boden und hält ihn anhaltend feucht. Man muss seltener gießen, verschwendet kein Wasser. Ein-, maximal zweimal in der Woche genügt völlig. Für Gärten mit schweren Böden, wo man ohnehin gegen Staunässe zu kämpfen hat, ist das natürlich nichts.

Regenwasser

Wenn es schon einmal regnet, dann möchte ich von der raren Kostbarkeit, die da vom Himmel fällt, auch so viel wie möglich auffangen. Also stellt sich nicht die Frage: Wo steht deine Regentonne? Sondern: Wie viele Regentonnen hast du und wie groß sind sie? Denn es ist in der Tat so, dass, wenn es regnet, dann oft sehr heftig in kurzer Zeit, und dass man froh sein kann, wenn man es geschafft hat, möglichst viel Wasser aufzufangen. Wobei bei allen Wasserflächen im Garten immer beachtet werden sollte, dass es Möglichkeiten für kleinere Tiere geben muss, wieder hinauszuklettern, falls sie hineinfallen. Außerdem sind Wassergefäße aller Art auch der Brut von Stechmücken willkommen, also besser: Deckel drauf.

Bewässerungssysteme

Ein Garten ist ein großes Geschenk, aber auch eine große Verantwortung! Man benötigt Zeit, ihn zu pflegen und zu versorgen. Ein Bewässerungssystem kann dabei eine gute Hilfe sein. Allerdings nur, wenn es fachkundig angebracht und regelmäßig gewartet wird. Der Vorteil ist, dass man Wasser spart, weil es direkt an die Pflanzen gelangt und man die Anlage so programmieren kann, dass genau zu den Zeiten gewässert wird, zu denen es am sinnvollsten ist. Also eher in den frühen Morgen- oder späten Abendstunden als in der Mittagshitze, wo ein Großteil des Wassers einfach verdunstet, bevor die Pflanze etwas davon abbekommt.

Richtig gießen

Wann das Gießen am effektivsten ist, ist eine von den Fragen, die man eindeutig mit »es kommt darauf an« beantworten kann. Es gilt: In den frühen Morgenstunden – am besten so um vier bis fünf Uhr – ist es im Sommer am kühlsten, es verdunstet weniger, die Feuchtigkeit hält sich länger im Boden. Auch wer ein Schneckenproblem hat,

sollte eher morgens gießen, damit die Schnecken nicht dazu animiert werden, in der nächtlichen Feuchtigkeit ihr zerstörerisches Werk noch ausgiebiger zu verrichten. Abends zu gießen, ergibt dann Sinn, wenn es sehr heiß ist und die Feuchtigkeit über Nacht in den gut gegossenen Boden so richtig eindringen kann. Lieber selten viel und ausgiebig, als häufig ein bisschen gießen. Der Boden sollte durchdringend feucht werden, bis in die Tiefe, damit die Pflanzen einen Anreiz haben, mit ihren Wurzeln auch in tieferen Erdschichten nach Wasser zu suchen. Sind immer nur die oberen Zentimeter feucht, bleiben die Pflanzen mit ihren Wurzeln schlauerweise einfach dort, wo das Wasser ist. Kommt das allerdings nicht regelmäßig nach, haben sie verloren. Die obere Bodenschicht trocknet am schnellsten aus. Ich gieße nicht über die Fläche und »dusche« die Pflanzen nicht von oben, sondern führe Kanne oder Schlauch bodennah von Pflanze zu Pflanze. Dabei zähle ich innerlich bei jeder Pflanze bis zehn. Bewährt haben sich Gießstäbe, mit denen man ganz nah an den Wurzelbereich herankommt. Das Verschwenderischste, was man machen kann, ist, in der Mittagshitze den Sprenger laufen zu lassen, am besten noch erhöht, um seine Reichweite zu vergrößern. Wenn ich so etwas sehe, werde ich richtig sauer, denn das kostbare Nass verdunstet zu einem Großteil, bevor es den Boden auch nur berührt hat.

Tiere im Garten – wie werde ich ein guter Gastgeber?

Ein funktionierender Lebensraum ist ein Garten nur dann, wenn sich alle darin wohl fühlen. Pflanzen, Tiere und Menschen! Und genau in dieser Reihenfolge. Erst die Pflanzen – der Rest kommt von ganz allein. Denn mit der Auswahl der Pflanzen kann man bestimmen, welche Tiere in den Garten einziehen werden. Man kann Tiere nämlich pflanzen. Wer gerne Gäste haben möchte, muss sie einladen und ihnen auch etwas bieten. Die Grundvoraussetzung ist, dass ich mich über die Vorlieben und Wünsche meiner Gäste informiere. Ganz wichtig: gutes Essen. Das, was sie mögen und brauchen, wird in den Garten gepflanzt. »Ist die Pflanze auch heimisch?« Das ist eine Frage, die mir recht häufig gestellt wird. Und dabei besteht die feste Meinung, dass nur einheimische Pflanzen »gut« sind! In der Tat ist es so, dass zwischen einheimischen Pflanzen und einheimischen Insekten eine Koexistenz besteht, dass beispielsweise bestimmte Wildbienen auf bestimmte Pflanzen spezialisiert sind. Allerdings ist eine Pflanze nicht automatisch ungeeignet für den naturnahen Garten, wenn sie nicht einheimisch ist, und umgekehrt sind nicht alle einheimischen Pflanzen Lieblinge der Wildbienen. Wer aber auf das Label »Einheimische Blütenpflanze« setzt, kann zumindest sicher sein, dass er dem Bestäuber dieser Pflanze etwas Gutes tut, auch wenn man ihn vielleicht noch gar nicht kennt; man wird ihn kennenlernen. Denn es gilt: Kommt Pflanze, kommt Tier – ich habe diesbezüglich mit zwei Pflanzen wunderbare Erfahrungen gemacht.

Die erste ist die Wilde Möhre (s. Foto S. 223). Es hat etwas gedauert, bis sie sich etabliert hatte. Aber jetzt ist der Bestand üppig und erhält sich durch Selbstaussaat. Zu Beginn hatte ich Jungpflanzen – mit Erlaubnis natürlich – bei einer Nachbarin ausgebuddelt, aber zusätzlich auch Samen ausgestreut, und zwar direkt nachdem ich sie reif ernten konnte. Die Jungpflanzen blühten im selben Jahr, die Aussaaten im Jahr darauf. Zwei Jahre hat es etwa gedauert, dann hat sich endlich mein Wunschgast, die Streifenwanze (s. Foto gegenüberliegende Seite), eingefunden. Es ist eine sehr attraktive schwarz-rot gestreifte Wanze, die auf Doldenblütler spezialisiert ist. Sie saugt etwas am Pflanzensaft und ihre Larven fressen wohl die Blattläuse – was ich selbst allerdings noch nie beobachten konnte, weil die Marienkäferlarven einfach schneller und hungriger sind.

Für meine zweiten Wunschgäste habe ich die Karde in den Garten geholt. Das ging mit dem Ausstreuen von Saatgut sehr einfach. Ich habe die Samen großzügig im Garten verteilt, auch an trockenen, eigentlich eher ungastlichen Orten, und nahezu jedes Samenkorn ist auch aufgegangen. Im ersten Jahr bildeten sich die Blätter, und im zweiten begannen die Karden zu blühen. Und wenn ihre Samen reif sind, locken sie einen der schönsten Gartenvögel in den Garten: den Distelfink. Er ist auch als Stieglitz bekannt. Nomen est Omen, die Distelfinken lieben es, zu zweit oder in der Gruppe gerade im Herbst und Winter die Samenstände der Karden leer zu knabbern.

Zehn besonders insektenfreundliche Pflanzen

Botanische Krokusse (Crocus chrysanthus, Crocus tommasinianus etc.)
Bergminze (Calamintha nepeta)
Echter Dost (Origanum vulgare)
Wicken (Vicia)
Wilde Karde (Dipsacus fullonum)
Natternkopf (Echium vulgare)
Salbei (Salvia officinalis, Salvia nemorosa)
Himbeeren (Rubus idaeus)
Herzgespann (Leonurus cardicia)
Späte Astern (z. B. Aster novi-belgii 'Blaue Nachhut')

Wasserstellen

Mit dem Wasser ist es wie mit dem Füttern der Vögel im Winter. Wenn man damit anfängt, muss man es auch durchziehen. Also sollten die Wasserstellen nicht nur im Sommer, sondern auch in trockenen, schneearmen Wintern immer gefüllt sein. Die Tiere gewöhnen sich an die Fürsorge und kommen, wenn sie Durst verspüren, zu der Wasserstelle, die sie kennen. Wie gemein, wenn sie dann dort das Erhoffte oder gar dringend Benötigte nicht vorfinden. Das wäre, als freuten wir uns ganz selbstverständlich und sehr hungrig und durstig auf unser Lieblingsrestaurant und stünden vor verschlossenen Türen. Da ich nicht ständig und regelmäßig im Garten sein kann, müssen die Wasserstellen eine ausreichende Größe haben, so dass sie in meiner Abwesenheit nicht austrocknen. Allerdings sollten sie auch so möbliert sein, dass Insekten und andere Tiere nicht ertrinken oder zumindest bei einem unfreiwilligen Bad wieder hinausklettern können. Manch einer hat die Möglichkeit, die Tränken so zu platzieren, dass sie von der automatischen Bewässerung aufgefüllt werden, oder man bittet Nachbarn, die Tränken aufzufüllen. Handelt es sich bei den Gefäßen um reine Tränken, also keine Miniteiche oder Biotope, sollten sie bei Verschmutzung gereinigt werden. Es gibt auch Wasserstellen, die kann man in die Bäume hängen, so dass die Tierchen einigermaßen geschützt vor Katzen ihren Durst löschen können.

Insektenhotels

Insekten brauchen kein Hotel, sie brauchen ein Zuhause! Diesen Satz habe ich vor Jahren irgendwo aufgeschnappt, und der sagt eigentlich alles, worauf es ankommt, wenn man etwas für Wildbienen tun möchte.

Wenn heutzutage vom Schutz der Bienen gesprochen wird, dann haben viele sofort das Bild der goldigen Biene Maja vor Augen. Eigentlich schade, denn um die Honigbiene geht es in diesem Fall gar nicht. Es geht um den Schutz der Wildbienen, Hummeln zum Beispiel, die genauso goldig sind, nur manchmal so winzig, dass man schon genauer hinschauen muss. Um die Honigbienen kümmern sich die Imker, für die Wildbienen können, ja sollten wir alle etwas tun. Die meisten Arten sind Sand- oder Erdbienen, also Bodenbrüter. Sie benötigen einfach nur freie Stellen im Boden, Sand oder Lehm, dann buddeln sie sich ihr Hotel selber. Oder sie beziehen Mauselöcher und andere verlassene Gänge im Boden. Den restlichen Wildbienen können wir mit Nisthilfen etwas Gutes tun. Vieles von dem, was allerdings – mittlerweile in jeder Drogerie, in Kaffeegeschäften und Discountern – als »Bienenhotel« angepriesen wird, hat nicht einmal den Titel Jugendherberge oder Hostel verdient. Da werden Zapfen verbaut und Baumrinde, Backsteine mit scharfkantigen Löchern, an denen sich die Tiere beim Hineinschlüpfen die Flügel zerfetzen. Den Wildbienen nutzt das nichts, im Gegenteil, lediglich der Hotelier fühlt sich gut, weil er vermeintlich etwas für die Umwelt tut und die nutzlosen Immobilien in seinem Garten verteilt. Wer ein Bienenhotel aufstellen oder aufhängen möchte, sollte sich bei Fachleuten, wie zum Beispiel dem NABU (Naturschutzbund) oder dem BUND (Bund für Umwelt und Naturschutz) informieren. Man kann nämlich ganz einfach ganz viel tun – auch auf dem Balkon oder der Terrasse. Und auch dort sollte man darauf achten, dass immer etwas blüht, das die Bienen anzieht und nährt. Wildbienen sind auf einen intakten Lebensraum angewiesen. Dazu gehören eben auch Nahrungsquellen. Ich habe viel ausprobiert und beobachtet und irgendwann festgestellt, dass, wenn ich meinem Grundsatz folge und mit dem Garten gärtnere, der Natur Raum gebe, sich Vieles von ganz alleine einstellt. Die Nahrungsfrage für die Wildbienen klärt sich dadurch, dass sich Pflanzen ansiedeln, die sowieso auf dem Speiseplan der Tiere stehen. Das naturnahe Gärtnern mit spätem Staudenrückschnitt, wilden Ecken und Totholzhecke führt ganz automatisch dazu, dass die Bienen Unterkünfte finden. Ich biete ihnen auf diese Weise Unterschlupf und Nahrungsquelle dicht beieinander.

Totholzhecke

Eine Totholzhecke lebt! Ziemlich bald nach der Gartenübernahme habe ich begonnen, in meinem Garten eine Totholzhecke – auch »Benjeshecke« genannt – anzulegen. Erstens ergab es für mich ökologisch Sinn und zweitens war es mir auch viel zu anstrengend, laufend wertvolles organisches Material aus meinem Garten zu schaffen. Heutzutage ist es so, dass ich alles, was in meinem Garten anfällt und was nicht krank ist, in dieser Hecke unterbringe. Laufend verändert sie sich, wird breiter oder höher, bekommt irgendwo noch einmal eine Biegung. Im Prinzip gehe ich dabei folgendermaßen vor:

Lange, relativ gerade Äste stecke ich in unordentlichen Zweierreihen versetzt vertikal in den Boden. Die äußere und die innere Reihe sind etwa dreißig Zentimeter auseinander und markieren die Breite der Hecke. In meinem Garten stammt das Totholz im Wesentlichen von Weide, Hartriegel, Obstbäumen und Beerensträuchern. Viele von ihnen funktionieren wie Steckhölzer, bilden häufig Wurzeln, treiben aus und begrünen so die Hecke. In der klassischen Benjeshecke werden Sträucher dazwischen gepflanzt, ich mache das ganz einfach mit diesen »Riesensteckhölzern«. Zwischen diese vertikalen Äste flechte ich horizontal dünnere, biegsame Äste, Bambus zum Beispiel, Wein, Clematis, Wildrosen, aber auch langen Staudenrückschnitt. In die Zwischenräume wird alles gestopft, was wegsoll. Rasenschnitt, Stauden, Laub, Grassoden, Zapfen, Kiefernnadeln, sogar Gemüsereste. Auf der ganzen Länge säe ich im April/Mai Kapuzinerkresse, die im Sommer und Herbst die Hecke berankt und beschattet.

Vögel

Fensterputzen ist in meiner Laube verboten. Zumindest von April bis Anfang Oktober. Geputzt wird erst wieder, wenn ich sicher sein kann, dass keine übermütigen Jungvögel mehr unterwegs sind, die gegen die spiegelnden Scheiben knallen. Es ist einfach furchtbar, wenn man den dumpfen Schlag hört und dann den sterbenden Vogel vor dem Fenster liegen sieht. Das ist mir einmal passiert, und bis heute bekomme ich dieses schaurige Bild nicht aus dem Kopf! An Nahrung bietet mein Garten den Vögeln inzwischen so viel, dass ich selbst im Winter nicht unbedingt extra Futter aufstellen muss. In milden Wintern mache ich es gar nicht, ist es extrem kalt, dann schon. Ich habe bei der Pflanzenauswahl sehr darauf geachtet, dass es zu allen Jahreszeiten etwas zu futtern gibt. In der Totholzhecke, dem vielen Efeu und den alten Bäumen finden die Vögel immer etwas. Samenpflanzen und fruchtbildende Gehölze wie Felsenbirnen, Zieräpfel, Mispeln und Wildrosen habe ich gleichmäßig über den ganzen Garten verteilt. Als Brutmöglichkeiten hängen diverse Nistkästen in den hohen Bäumen. Ihr Lieblingsbrutplatz ist aber eine sehr dichte, hohe Ligusterhecke. Ich habe sie zum Formgehölz gemacht und in Vogelform geschnitten. Hohe Hecken sind in Kleingartenanlagen nämlich nicht erlaubt, aber so, als Formgehölz, geht das. Ein bisschen sieht es aus, als hätte ich Edward mit den Scherenhänden zu Besuch gehabt. Das Vogelformgehölz hat als Schwanz noch einen ausladenden Holunder bekommen, so haben die Vögel gleich noch einen super Aussichtsplatz und leckere Holunderbeeren im Herbst.

Igel

Igel sind die meiste Zeit des Jahres Einzelgänger. Wobei der entscheidende Hinweis in dem Wort der zweite Teil, das »-gänger«, ist! Igel müssen gehen können, rumlaufen, umherstreifen. So wie wir unsere 10 000 Schritte am Tag sollten Igel ihre fünf Kilometer in der Nacht zurücklegen können. Das können sie aber nur, wenn die Gärten nicht alle schlupfdicht abgegrenzt und eingezäunt werden. Es reicht schon, Schlupflöcher und Heckenverbindungen zu schaffen, in denen sie geschützt durch die Gärten streifen können. In England heißt der Igel *hedgehog* – da steckt die Hecke schon im Namen. Ich führe Sträucher und niedrige Hecken kreuz und quer durch meinen Garten bis zum Nachbarzaun, da ist dann ein Durchschlupf und auf der anderen Seite geht es mit der Hecke weiter. So kann der Igel in einem Netzwerk von Hecken durch die ganze Anlage laufen und Schnecken und anderes Getier vertilgen. Ich habe das Glück, dass sich ein Igel meine Totholzhecke als Schlafplatz ausgesucht hat. Manchmal höre ich ihn tagsüber schnarchen, dann fange ich automatisch an, ganz vorsichtig und leise um die Hecke herumzuschleichen, bis ich dann denke, ach was, der kann das schon ab. Kann er auch, ich glaube, aufgeweckt habe ich ihn noch nie!

Schädling oder Nützling?

Wer legt eigentlich fest, was ein Schädling ist und was ein Nützling? Eigentlich hängt das nur von der Dosis und der Definition ab. Schnecken, die abgestorbenes Material vertilgen und zu Humus verarbeiten, sind nützlich; Schnecken, die mein Gemüse verstümmeln, schädlich. Blattläuse nützen den Marienkäfern und Florfliegenlarven als Nahrung, sind für diese also nützlich. Saugen sie die Rosen aus, sind sie – für die Rosen – schädlich. Und da wir grundsätzlich zu den Rosen halten, wollen wir die Läuse nicht. Sollen die Marienkäfer doch etwas anderes fressen. Bei den meisten Plagegeistern ist es wichtig, von Beginn an aufmerksam zu bleiben. Die allerersten Blattläuse lassen sich locker mit den Fingern abstreifen, das erste befallene Blatt der Kapuzinerkresse kann man einfach abknipsen und entfernen. Die Schneckengelege lassen sich oft schon im Herbst des Vorjahres aufspüren und einsammeln. Die ersten Schnecken sollte man sofort im zeitigen Frühjahr beseitigen. Lilienhähnchen (s. Foto S. 235) sitzen früh auf den Kaiserkronen und können dort abgesammelt werden. Man sollte seine Pflanzen immer beobachten und frühzeitig eingreifen oder zumindest wissen, dass eine Veränderung beginnt – welche Maßnahmen man ergreifen möchte, kann man dann ja sehen. Und es nutzt auch hier, die Fressfeinde der so genannten Schädlinge – also Igel, Vögel, Marienkäfer, Lurche und Reptilien – in den Garten zu locken. Oftmals passiert es ganz von allein, dass eine große Population von »Futtertieren« eine große Anzahl ihrer Feinde anlockt. Es kommt immer auf das Maß an. Am besten ist es, wenn sich automatisch ein Gleichgewicht einstellt. Meistens aber treten die Fressfeinde erst später auf. Da braucht man Geduld und gute Nerven, und die dürfen durchaus auch mal kurzzeitig durchgehen! Man sollte sich aber bewusst machen, dass viele Pflanzen nur dann dauerhaft von Schädlingen gestresst werden, wenn sie schwach sind – was in den meisten Fällen auf einen falschen Standort zurückzuführen ist.

Läuse

Gegen Blattläuse unternehme ich so gut wie nichts. Ich versuche, sie gleich zu Beginn des Befalls mit den Fingern abzustreifen. Wenn die Population dennoch größer wird, eilen mir etwa zwei Wochen später die Marienkäfer zu Hilfe. Das regelt die Natur immer von ganz allein. Wollläuse und Schildläuse hingegen, die ich eigentlich nur an meinem Oleander im Kübel habe, wische ich ab und spritze dann mit einem Gemisch aus Wasser, Öl und Spülmittel. Aber auch hier ist es so, dass der Oleander nur im Winter von Schädlingen befallen wird, dann, wenn er geschwächt ist, weil warme Winterquartiere einfach nicht seinem natürlichen Lebensbereich entsprechen. Stelle ich ihn im Frühjahr unbehandelt an einen sonnigen und luftigen Platz auf der Terrasse, verschwindet der Befall recht schnell.

Tipp

Spritzmittel gegen Läuse selbermachen

500 ml Wasser, ein Teelöffel Orangenöl oder ein Esslöffel Speiseöl sowie ein Spritzer Spülmittel. Die Pflanze damit tropfnass einsprühen. Die Prozedur im Freien oder in der Dusche durchführen, dann gibt es keine ölige Sauerei.

Lilienhähnchen

(s. Foto gegenüberliegende Seite)

Lilienhähnchen sind leuchtend rote Käfer, die eigentlich sehr hübsch sind – so lange, bis sie ihr wahres Gesicht zeigen. Im März/April fressen sie sich auf den Fritillarien, den Kaiserkronen und Schachbrettblumen, in Fahrt. Ein guter Zeitpunkt, um sie abzusammeln und dafür zu sorgen, dass sie sich gar nicht erst so stark vermehren können. Denn kaum sind die Lilien zehn Zentimeter hoch, siedeln die Hähnchen auf sie über. Ihre Nachkommen sind in kleine Kothäufchen eingehüllt und sehen daher auch so aus; sie fressen die Lilien innerhalb kürzester Zeit vollkommen kahl.

Schnecken

Man kann sie nicht einfach machen lassen. Wenn sie auftauchen, muss man sie absammeln, abends, nachts mit der Taschenlampe oder frühmorgens. Was man dann mit ihnen macht, muss jeder selbst entscheiden. In den Wald entführen, durchschneiden, zertreten, mit kochendem Wasser übergießen – es gibt viele, überwiegend grausame Methoden. Wobei das, was Schnecken an massakrierten Pflanzen hinterlassen, manchmal auch für uns Gartenbesitzer an seelische Grausamkeit grenzt. Sie fressen nicht einen Kohl oder eine Dahlie, nein, sie fressen alle. In den ersten Jahren meines Schrebergärtnerlebens war ich wesentlich milder und toleranter, dachte, wir – die Schnecken und ich – werden uns schon arrangieren. Jetzt – so muss ich zugeben – geht mir doch manchmal die Schere durch. Schneckenkorn ist im naturnahen Garten für mich nicht akzeptabel. Die herkömmlichen Mittel sind nicht nur für Schnecken, sondern auch für die anderen Gartenbewohner und Haustiere giftig. Auch die für andere Tiere unbedenklichen Präparate benutze ich nicht mehr. Die Schnecken nehmen den Wirkstoff (Eisen-III-Phosphat) auf, verkriechen sich und sterben. Kein Ausschleimen, keine vergifteten Schnecken, die im Garten liegen und womöglich noch von Vögeln verspeist werden. Also: Sicherlich die bessere Alternative,

aber das Schneckenkorn wirkt nicht selektiv, es tötet nicht nur die gefräßige Spanische Wegschnecke, sondern auch die Weinbergschnecke und den Tigerschnegel, die wir in einem funktionierenden Biotop ja haben wollen! Die Mittel, die ich probiert habe, um Schnecken fernzuhalten, funktionieren nicht oder nicht wirklich dauerhaft. Bierfallen locken eher auch Nachbars Schnecken an. Kupferbänder müssen unbedingt regelmäßig erneuert werden und dürfen keinesfalls Schlupflöcher bieten. Recht effektiv sind Schneckenkrägen und Schneckenzäune, allerdings muss man immer ganz genau schauen, ob sich nicht schon Schnecken innerhalb des Kragens oder Zaunes versteckt haben. Das Argument, dass sich in einem gesunden Garten schon irgendwann ein Gleichgewicht einstellen wird, greift bei den Nacktschnecken leider nicht. Gerade die Spanische Wegschnecke hat im ausgewachsenen Zustand eigentlich keine Feinde! Ihr Schleim ist so unappetitlich, dass absolut niemand sie zum Fressen gernhat. Laufenten sollen da eine Ausnahme bilden, aber wer hat schon die Möglichkeit, die Enten artgerecht zu halten und sich um sie zu kümmern.

Wühlmäuse

Wühlmäuse sind einfach nervig. Wenn sie meine aufwändig geplanten, mit Liebe und nicht wenig Geld angelegten Tulpenbeete massakrieren und meine Sträucher wurzellos zurücklassen, hasse ich sie. Ich bin ja bereit, einen Teil der Tulpenzwiebeln als Knabbersnack abzugeben, aber dass sie fast alle abfressen, finde ich unverschämt. Wühlmäuse gehören damit eindeutig zu denjenigen, die meine Gastfreundschaft im Garten und meine Gutmütigkeit ausnutzen und sich wirklich schlecht benehmen. Wenn es zu viele werden, so dass das Gestalten eines Gartens unmöglich geworden ist, kann ich den Einsatz von Fallen daher auch nicht verurteilen. Egal, ob Schnappfallen oder Lebendfallen – will man die Kontrolle über den Garten nicht an die Nager verlieren, muss man etwas tun. Also theoretisch. Ich habe es nämlich noch nicht über mich gebracht, mir sind die Schnappfallen unheimlich und die Lebendfallen auch. Was soll ich denn dann mit der gefangenen Maus machen? Mich in den Zug oder Flieger setzen und sie auf eine Insel bringen, damit sie ja nicht zurückkehrt? Es gibt wirklich viele Mäuse in meinem Garten, ich säße sehr oft im Zug. Gift kommt für mich nicht in Frage. Die Vorstellung, dass ein Vogel oder ein anderes Tier eine vergiftete Maus verspeist und daran zugrunde geht, lässt das als Option nicht zu! Ich bin deshalb irgendwo gaaanz tief in meinem Innersten nicht unglücklich darüber, wenn meine Nachbarn Fallen einsetzen.

Mein Verhältnis zu den Mäusen ist so eine Art Hassliebe. Wenn sie im Beet sitzen und sich ausgiebig putzen, finde ich sie doch goldig. Es ist ja auch einfach so: Wer naturnah gärtnert, schafft Raum für die Natur, und dazu gehören nun einmal auch Lebewesen, die in unseren Augen und im Garten Schädlinge sind. Wer wie ich einen beträchtlichen Teil des Gartens als Totholzbereich gestaltet hat, schafft Lebensraum für Insekten und Reptilien, aber auch für Mäuse, und im hohen Gras für Zecken. Diese Art des Gärtnerns ist zwar einerseits pflegeleicht, aber sie erfordert auch Aufmerksamkeit. Ich sehe es sofort, wenn eine Pflanze auch nur leicht schlappmacht, wenn es irgendwo im Beet plötzlich eine minimale Erhebung gibt. Mäusealarmstufe eins! Wie ein Feuerwehrmann schnappe ich mir den Wasserschlauch, um die Mäuse zu ärgern und ihre Bauten mit dem harten Wasserstrahl zu havarieren. Das ist wenig effektiv gegen die Übeltäter, bringt aber zumindest die unterhöhlten Pflanzenwurzeln wieder in Kontakt mit der umliegenden Erde. Mehr als einmal habe ich so meinen geliebten, sehr alten und großen Rosmarin retten können. Die Clematis habe ich verloren, im unbelaubten Zustand konnten die Nager zuschlagen, ohne dass der Mäuseanzeiger »schlappendes Laub« eine Chance hatte, mich zu warnen.

Übrigens: Alle Vergrämungsmittel – ob Haare, Urin, saure Milch, Schnaps, umgedrehte Flaschen, piepsende Geräte, Kaiserkronenzwiebeln, Knoblauch – haben auf Dauer nichts genutzt. Bei mir im Garten muss es so einladend und wunderbar sein, die Wühlmäuse kommen alle wieder!

Fritz, der Affenpinscher

Wer mich kennt, kennt auch Fritz, meinen Affenpinscher. Ich hatte immer Hunde und ich finde, das Leben mit Hund ist so viel erlebnisreicher und intensiver als ohne. Fritz ist ein starker Charakter, er hat mich ausgesucht. Er löste sich aus einem Knäuel von Affenpinscher-Welpen und sprang auf meinen Schoß. Damit war alles klar. Es war um uns geschehen. Mitnehmen durfte ich ihn an diesem Tag noch nicht, er war zu jung. Als sich die Wohnungstür beim Abschied langsam hinter mir schloss, war es Fritz, der als einziger der Welpen bis zum Schluss durch den immer schmaler werdenden Schlitz blinzelte. Wer weiß, wie lang er noch hinter der Tür saß. Dennoch erbat ich mir bei der Züchterin ein paar Tage Bedenkzeit. Es ist ja schließlich eine große Verantwortung, ein Lebewesen zu sich zu nehmen. Wie beim Garten auch ist das eine Beziehung, die viele Jahre halten soll. Sofort am nächsten Tag rief ich die Züchterin an, um ihr zu sagen, dass ich Fritz sehr gerne nehmen möchte. Kurze Stille. Ich spürte ihre Erleichterung durch das Telefon hindurch, als sie sagte: »Herr Mager, da bin ich sehr froh. Ich hätte nicht gewusst, wie ich das dem kleinen Kerl sonst hätte erklären sollen.« Fritz ist so schlau, nicht nur beim Dreh, nein, immer! Ich muss etwas nur denken, da weiß er schon Bescheid! In der Rassenbeschreibung für Affenpinscher hatte ich gelesen: Affenpinscher haben eine hohe Intelligenz und eine schnelle Auffassungsgabe. Das kann ich nur bestätigen. Manchmal, wenn ich noch überlege, schaut er mich an, als wolle er sagen, was ist los, Horst, das ist doch ganz einfach. Affenpinscher sind nicht wirklich davon zu überzeugen, dass sie Hunde sind. Fritz gehört tatsächlich zu einer der ältesten und seltensten deutschen Hunderassen, und ein bisschen was von einem Äffchen hat er auch mit seinen Lippen und seinem herausfordernden Blick. Er kann Dauer-Männchen machen und mit den Vorderbeinen greifen. Er ist ein richtig guter Begleiter, der genau zuhört, alles verstehen möchte und hinterfragt, also ständig darüber nachdenkt, ob das, was ich von ihm möchte, auch wirklich Sinn ergibt.

Pflanzenkrankheiten – Ursachen bekämpfen!

Eins vorweg: Je optimaler die Bedingungen an die Bedürfnisse der Pflanzen angepasst sind, desto weniger Probleme tauchen auf. Pflanzen, die dauernd krank sind, sind für den Ort, an dem sie stehen, nicht gemacht oder sie werden grundsätzlich falsch behandelt. Also ist das beste Mittel zur Prävention und Behandlung von kranken Pflanzen die Optimierung der Pflege und des Standortes. Ständig Pflanzenschutzmittel einzusetzen, ohne dabei die Bedingungen für die Pflanze zu verbessern, ergibt keinen Sinn. Passen Dünger und Licht, kann zu wenig Wasser das Wachstum hemmen. Hat die Pflanze ausreichend Wasser und Dünger, steht aber zu dunkel, wird sie nicht gut wachsen. Alle Faktoren sollten in einem ausgewogenen Verhältnis zueinander stehen. Wenn die Pflanze Stress hat, schwächelt sie, dann haben Krankheiten leichtes Spiel. Man muss also die Ursachen und nicht die Symptome bei den »Wurzeln« packen! Und: Manche Saisonpflanzen sind auch nur für ein kurzes Leben, eine Saison, produziert worden. Man hat keine Chance, diese am Leben zu erhalten.

Monilia

Ärgerlich! Ein Pilz, der die Triebspitzen (daher auch »Monilia-Spitzendürre« genannt) der Obstbäume absterben lässt oder sich kreisförmig auf den Früchten (»Monilia-Fruchtfäule«) ausbreitet und die gesamte Ernte vernichtet. An meiner Sauerkirsche ist es die Spitzendürre und an meinen Äpfeln und Birnen die Fruchtfäule. Es ist der Pilz der Enttäuschung. Der Enttäuschung über die wieder einmal ungefüllten Marmeladengläser, den nie gebackenen Kuchen und das nie gemachte Kompott. Frühzeitiges Entfernen der befallenen Pflanzenteile hilft etwas. Aber man muss bei der Spitzendürre bis ins gesunde Holz hineinschneiden. In manchen Jahren ist der Befall so stark, dass man den Baum fast unterhalb der Grasnarbe absägen müsste, um wirklich alle Pilzsporen entfernen zu können, und selbst das würde wohl nicht ausreichen. Ich habe in meinem Garten eine Schattenmorelle, die ich mit dem Garten übernommen habe und die das Problem Spitzendürre seit Jahren hat. Jedes Jahr nehme ich mir fest vor, dass ich sie absäge, wenn sie wieder befallen wird, und sie gegen eine resistentere Sorte ersetze. Vernünftig wäre es in jedem Fall, aber noch bringe ich es nicht übers Herz. Fungizide – also Spritzmittel gegen Pilzkrankheiten – einzusetzen, ist für mich und meinen Garten allerdings auch keine Option. Wie immer bei Pflanzenkrankheiten ist es auch bei Monilia so: Die richtige Sortenwahl erspart weitestgehend Enttäuschungen!

Echter Mehltau

Mehltau ist ein sehr hartnäckiger Pilz. Er überzieht Blätter und Knospen mit einem weißen Belag. Die befallenen Pflanzenteile sehen aus wie mit Mehl bestäubt, daher der Name. Häufig wird angenommen, dass andauernde Feuchtigkeit für die oft rasche Ausbreitung des Pilzrasens verantwortlich ist. Nässe und Pilzwachstum gehen häufig Hand in Hand – allerdings nicht beim Echten Mehltau. Er ist ein Schönwetterpilz. Wenn es heiß und trocken ist, dann kann man ihn eigentlich nicht verhindern. Gerade in langen Sommern mit andauernden Trockenphasen werden Zucchini, Ringelblumen und Rosen ruckzuck mit dem mehligen Pilzrasen überzogen. Für effektive Mittel ist es dann zu spät. Ich habe alle möglichen Hausmittel ausprobiert: Natron, Backpulver, Essig – nichts hat wirklich gut geholfen. Gegen Pilzerkrankungen an Rosen hilft Vollmilch, allerdings auch nur dann, wenn man sie konsequent – mindestens einmal wöchentlich – über Wochen besprüht und damit beginnt, wenn sich die ersten Blätter entfalten. Das ist schon im April, wenn vom Pilz weit und breit noch nichts zu sehen ist. Es geht bei all diesen Hausmitteln darum, den pH-Wert auf den Blättern zu senken, ihn saurer zu machen. Einen pH-Wert unter 7 findet der Pilz so gar nicht gut. Letztendlich ist mir das ständige Besprühen aber sowieso zu mühselig. Ich entferne befallenes Laub von Anfang an und suche fürs nächste Jahr einen neuen Standort für die Pflanzen – nicht weil man sie nicht an derselben Stelle, wo der Mehltau aufgetreten ist, pflanzen dürfte, sondern weil sie an einem anderen Standort vielleicht widerstandsfähiger sind, weil sie dort einfach stärker sind! Gerade bei den Zucchini hat es schon geholfen, sie an Stellen zu pflanzen, die nicht ganz so schnell austrocknen. Manche Pflanzen halten auch nur eine gewisse Zeit durch. Ringelblumen oder auch manche Astern werden immer Mehltau bekommen, mal früher, mal später, das ist einfach so.

Tipp

Milchbrühe selber machen

800 ml Wasser, 200 ml Vollmilch. Die Rosen mindestens einmal wöchentlich einsprühen; falls es regnet, nach dem Regen erneut besprühen. Unbedingt schon mit dem Blattaustrieb beginnen!

Falscher Mehltau

Man erkennt diesen Pilz auf der Blattoberseite zunächst gar nicht. Auf der Blattunterseite bildet sich der Pilzrasen. Ich sage immer, er heißt deshalb »falsch«, weil er zwar schon da ist, sich aber erst einmal versteckt! Er verbreitet sich vor allem in der feuchten Wärme, zum Beispiel an Gurken im Gewächshaus. Bei stärkerem Befall wird das Laub gelb und fleckig. Auch hier gilt: Sobald man den Befall erkennt, sollte man die betroffenen Blätter abschneiden und in den Hausmüll entsorgen.

Schrotschusskrankheit

Unregelmäßig verteilte Löcher in den Blättern, die wirklich aussehen, als habe jemand mit der Schrotflinte auf sie gefeuert. Bei mir kommt der Pilz vornehmlich an der Hauszwetschge vor. Abgesehen davon, dass es besorgniserregend wäre, wenn jemand mit einer Flinte auf Bäume schießen würde, macht das dem Baum nicht wirklich etwas aus. Man kann und muss auch nichts dagegen tun, zumeist ist der Befall nur gering und dezimiert die photosynthetisch aktive Fläche des Baumes kaum.

Tulpenfeuer

Seit ein paar Jahren, wenn das Frühjahr feucht ist und die Pflanzen dicht beieinanderstehen, taucht diese Pilzkrankheit auf. Sie beginnt mit leichten Pusteln und endet mit schweren Deformationen der Blüten und Blätter. Es wird häufig behauptet, man hole sich den Pilz mit neuen, infizierten Tulpenzwiebeln in den Garten. Das kann ich nicht bestätigen. Bei mir ist die Krankheit schon aufgetaucht, obwohl ich im Herbst davor keine neuen Zwiebeln gesetzt hatte. (Ich kaufe nicht jedes Jahr neue Tulpenzwiebeln, weil ich sonst nicht erkennen kann, welche wiederkommen. Setze ich jedes Jahr neue Tulpen dazu, verliere ich den Überblick.) Der Pilz ist einfach da, und wenn die Bedingungen stimmen, legt er los und breitet sich aus. Ich ziehe nur stark befallene und zu dicht stehende Zwiebeln aus dem Boden, den Rest lasse ich stehen. Sollte das nächste Frühjahr nämlich trocken sein, taucht der Pilz auch nicht auf. Andere Pflanzen befällt er glücklicherweise nicht.

Birnengitterrost

Wer Birnengitterrost am Laub der Birnen hat, der hat ihn. Punkt. Da die Zwischenwirte für diesen Pilz mehrere Wacholderarten sind und diese in unendlich vielen Gärten wachsen, kann man ihn nicht dauerhaft und effektiv bekämpfen. Ich habe riesige Birnbäume und schaffe es gar nicht, das befallene Laub komplett zu entfernen, da müsste ich mir in jedem Jahr die Monate des Laubfalls freinehmen und mit allen Gartengeräten bewaffnet aufpassen, dass mir nicht das kleinste birnengitterrostige Blättchen entwischt. Ich zerkleinere das Laub mit dem Rasenmäher und streue es in die Beete, in die Totholzhecke und sogar auf den Kompost. Es heißt ja immer, man soll krankes Laub lieber in den Hausmüll entsorgen, um die Ausbreitung von Krankheiten einzudämmen, das wäre auch sicher besser, aber dafür reicht meine kleine Tonne gar nicht aus. Also habe ich beschlossen, mich nicht um den Birnengitterrost zu kümmern. Und was soll ich sagen: Mal ist der Befall stark, mal schwach, mal kaum sichtbar. Der Pilz befällt sowieso nur das Laub, die Früchte bleiben verschont. Hätte ich kleinere Bäume, würde ich das befallene Laub schon am Baum konsequent von Anfang an entfernen. Wobei man immer bedenken muss, dass fleckiges Laub besser ist als keines. Man darf dem Bäumchen die Möglichkeit zur Photosynthese auch nicht komplett nehmen, indem man alles Laub entfernt. Aber bei meinen Riesenbäumen ist es eben, wie es ist.

Frostschäden

Je nach Wetterlage kommt es in manchen Jahren zu stärkeren Frostschäden, in anderen bleiben die Pflanzen verschont. Oftmals stehen Pflanzen nur knapp auseinander und dennoch werden nicht beide gleichermaßen geschädigt. Die eine leidet, die andere schaut munter in die Wintersonne. Bei meiner Mittelmeer-Wolfsmilch ist das so, sie leidet fast immer, ebenso Lavendel, Thymian und Rosmarin – eigentlich alle, die lieber am Mittelmeer leben würden als im deutschen Schrebergarten. Für empfindliche Pflanzen ist eine Hauswand als Schutz im Rücken immer von Vorteil. Außerdem macht den immergrünen Pflanzen die Wintersonne zu schaffen. Der Boden friert, das Blattwerk wird von der Sonne erwärmt und beginnt, Wasser zu verdunsten. Die Wurzeln können aus dem gefrorenen Boden jedoch kein Wasser nachliefern. Die Pflanze erfriert also nicht wirklich, sondern sie vertrocknet. Besonders lebensbedrohlich wird es dann, wenn die Kälte mit zu viel Feuchtigkeit – also Staunässe – zusammenkommt. Die Wurzeln beginnen zu faulen, da durch die in der Kälte nicht abtrocknende Nässe keine Luft an die Wurzeln gelangt. Das Gewebe kann kein Wasser mehr aufnehmen, selbst wenn es wieder abtrocknet, ist es schon zerstört. Die besten Voraussetzungen, um frostempfindlichen Pflanzen eine dauerhafte Überlebenschance zu sichern, schafft man also schon bei der Pflanzung. So umgeht man, dass man Winter für Winter abdecken, einpacken und bangen muss.

Auf drei Dinge kommt es an:

Windgeschützter Platz, möglichst an einer Hauswand oder Hecke.

Vor der harten Wintersonne geschützt, aber die frühe Frühlingssonne einfangend.

Guter Wasserabzug, Staunässe vermeiden, also Sand oder Splitt in das Pflanzloch einarbeiten.

Dennoch kann es bei allen Vorsichtsmaßnahmen sein, dass frostempfindliche Pflanzen viele Jahre den Winter gut überstehen, und dann kommt ein richtig kalter Winter mit Kahlfrösten, und alles ist dahin. Die Gefahr geht oft auch von den Spätfrösten aus. Da wird die Pflanze von Petrus reingelegt. Alles scheint schön, es ist April oder Mai, der Frühling naht, die Temperaturen stimmen. Die Pflanze lässt unbesorgt den Saft fließen. Dann passiert es – Nachtfrost, vielleicht auch nur ganz kurz, aber oft verhängnisvoll. Die Pflanzensäfte gefrieren, die Flüssigkeit dehnt sich aus, die Zellen platzen. So wie der Gartenschlauch, wenn man ihn über den Winter mit Wasser gefüllt liegenlassen hat.

Dank

Jahrelang habe ich alle Anfragen, ein Buch zu schreiben, abgelehnt. Ich war überzeugt, dieser Aufgabe nicht gerecht werden zu können. Es ist zum einen enorm viel Zeit, die in so ein Projekt einfließt, und zum anderen hatte ich auch nichts neues Gärtnerisches zu berichten, von dem ich überzeugt war, dass es wirklich von Interesse wäre und ein erhellender Beitrag zur Gartenliteratur sein könnte. Als ich dann eines Tages vom Insel Verlag die Gelegenheit bekam, über meine ganz persönliche Philosophie des Gärtnerns schreiben zu dürfen, war ich, obwohl das genau das war, was ich wollte, noch immer sehr zögerlich. Ich war nicht sicher, ob meine sehr persönliche Art des Gärtnerns wirklich interessant für andere Gartenmenschen ist, denn jeder gärtnert anders. Richtig und falsch ist im Garten nicht immer eindeutig. Nun bin ich aber sehr froh, dass ich mich letztendlich dazu durchgerungen habe, denn ich bin überzeugt, dass ein paar Gartenmenschen, wenn sie mein Buch gelesen haben, ein bisschen mehr über ihr Tun im Garten nachdenken werden und vielleicht auch dazu übergehen, mit ihrem Garten mehr zu kommunizieren und so der Natur Raum zu geben. Das wünsche ich mir jedenfalls. Denn wenn wir alle unsere Privatgärten zusammen nehmen, ist da echt viel Potential. Außerdem sah ich in diesem Buch die Chance, den Menschen die Angst vorm Gärtnern zu nehmen. Einfach loslegen und machen, einfach Freude und Lust beim Gärtnern zu spüren!

Ich danke allen, die mich in der Zeit des Schreibens unterstützt und beraten haben. Allen voran, dem begeisterten und begeisterndem Team vom Insel Verlag. Ganz besonders Katharina Dittes, meiner

Lektorin. Dafür, dass es unsere erste Zusammenarbeit und mein erstes Buch überhaupt ist, brachte sie mir großes Vertrauen entgegen. Die Zusammenarbeit mit Fotografin Simone Hawlisch war aufregend und entspannt zugleich. Bei unserer ersten Begegnung im Verlag war es, als würden wir uns ewig kennen. Ihre Fotokunst hatte mich im Vorfeld schon begeistert, was sie an Intimität auf ihren Bildern aus meinem Garten erfühlte, ist poetisch und spannend zugleich, besser hätte ich es mir nicht wünschen können.

Ich danke allen Menschen in meiner Kleingartenkolonie, die freundlich und kooperativ mit den häufigen Dreharbeiten und Fototerminen umgehen. Meinen Nachbarn Birgit und Ralf Gittel, die meinen Garten mehr als einmal vor dem Vertrocknen gerettet haben. Herzlichen Dank an Ute Hoffmann, die mich bei meinem gärtnerischen Tun immer unterstützt und ohne die ich meinem Garten nie begegnet wäre. Ich danke Gabriella Pape und Isabelle Van Groeningen von der Königlichen Gartenakademie in Berlin für ihr Wissen und den Tipp, mich morgens nicht noch einmal im Bett umzudrehen, sondern gleich nach dem Aufwachen loszuschreiben. Das war in manchen Schreibkrisen meine Rettung. Ich danke meiner »Sonne«, dass sie mich emotional und kulinarisch gestärkt hat, und meiner Familie und meinen Freunden, dass sie mich auch nach der hundertsten Absage noch fragten, ob ich essen, ins Konzert oder einfach spazieren gehen möchte. Dem Team der rbb Gartenzeit – insbesondere Petra Seiler und Dörte Caspary – danke ich dafür, dass sie mir die Möglichkeit gaben und geben, einem großen Publikum Lust auf den Garten machen zu dürfen. Danke auch an meine Community bei Instagram, die mir immer freundlich, respektvoll, wissensdurstig und voller Gartenfreude begegnet. Ich danke Fritz, dem besten Affenpinscher der Welt, für seine Geduld! Ganz sicher hätte er des Öfteren lieber im Wald etwas Aufregendes erschnüffelt, als sich auf dem Teppich unter meinem Schreibtisch zu langweilen.

Ich danke meinen Eltern, dass sie mir das Gartengen vererbt und meinen »grünen Daumen« gefördert haben. Und: Ich danke meinem Garten, dafür, dass er so viel Schönes mit mir macht!

Register